O VALE DE ISRAEL

EDOUARD CUKIERMAN E DANIEL ROUACH
COM A COLABORAÇÃO DE REGINA NEGRI PAGANI

O VALE DE ISRAEL

Tradução de
REGINA NEGRI PAGANI

1ª edição

RIO DE JANEIRO – 2019

CIP–BRASIL. CATALOGAÇÃO NA PUBLICAÇÃO
SINDICATO NACIONAL DOS EDITORES DE LIVROS, RJ

C973v   Cukierman, Edouard
      O vale de Israel: o escudo tecnológico da inovação / Edouard Cukierman, Daniel Rouach, Regina Negri Pagani; tradução Regina Negri Pagani. – 1ª ed. – Rio de Janeiro: Best Business, 2019.
      308p. ; 23 cm.

      Tradução de: Israël Valley
      Inclui bibliografia
      ISBN 978-85-68905-91-3

      1. Empreendedorismo – Israel. 2. Incubadoras de empresas – Israel. 3. Inovações tecnológicas – Israel. I. Rouach, Daniel. II. Pagani, Regina Negri. III. Título.

                            CDD: 658.421
19-59584   CDU: 005.71-021.131

O vale de Israel, de autoria de Edouard Cukierman e Daniel Rouach, com a participação de Regina Negri Pagani, que traduziu do original francês e atualizou a obra.
Texto revisado conforme o Acordo Ortográfico da Língua Portuguesa.
Primeira edição impressa em outubro de 2019.
Título original norte-americano:
ISRAËL VALLEY

Copyright © Edouard Cukierman e Daniel Rouach.

Proibida a reprodução, no todo ou em parte, sem autorização prévia por escrito da editora, sejam quais forem os meios empregados.

Direitos exclusivos de publicação em língua portuguesa para o Brasil adquiridos pela Best Business, um selo da Editora Best Seller Ltda.
Rua Argentina, 171 – 20921–380 – Rio de Janeiro, RJ – Tel.: 2585–2000, que se reserva a propriedade literária desta tradução.

Impresso no Brasil

ISBN 978-85-68905-91-3

Seja um leitor preferencial Record.
Cadastre-se no site www.record.com.br e receba informações sobre nossos lançamentos e nossas promoções.

Atendimento e venda direta ao leitor: sac@record.com.br
Escreva para o editor: bestbusiness@record.com.br

Este livro é dedicado aos milhares de inventores, criadores, empreendedores e iniciadores de startups israelenses que, todos os dias, inteligente e ferozmente, constroem um modelo de "Vale do Silício" e atraem investidores de todo o mundo.

Edouard Cukierman e Daniel Rouach. Tel Aviv, 2019.

Dedico este livro à minha família, em particular aos meus pais e aos meus filhos, Daniel, Michael e Ariel.

Edouard

Dedico este livro a toda a minha família, e em particular à Elisheva, meu pai e minha mãe, meus irmãos David, Raphaël, Robert e Michel, e meus filhos, Jonathan, Yaël e Yuval.

Daniel

A todos aqueles que tornaram este trabalho possível.

Regina

"Esta é uma visão que Isaías, filho de Amoz, teve acerca de Judá e Jerusalém: [...] transformarão suas espadas em arados e suas lanças em podadeiras."

Isaías 2, 1-4

"Depois, falou o Senhor a Moisés, dizendo: [...] e o enchi do Espírito de Deus, de sabedoria, e de entendimento, e de ciência em todo artifício, para inventar invenções, e trabalhar em ouro, e em prata, e em cobre, e em lavramento de pedras para engastar, e em artifício de madeira, para trabalhar em todo labor."

Êxodo 31, 1-5

"Israel só poderá vencer a dura luta pela sobrevivência desenvolvendo a inteligência e o conhecimento especializado em tecnologia de seus jovens."

Albert Einstein, 1923

"A geração mais velha tinha mais respeito pela terra do que pela ciência. Mas vivemos em uma época em que a ciência, mais do que o solo, se tornou um veículo de crescimento e abundância. Depender apenas da terra é uma fonte de isolamento em um mundo globalizado."

Shimon Peres

"Criatividade é a inteligência se divertindo."

Albert Einstein

Sumário

Agradecimentos	15
Prefácio	17
Introdução: O DNA do Vale de Israel, um modelo de inovação	21
VIAGEM AO CORAÇÃO DA "ALDEIA TECNOLÓGICA"	23

1. O Vale de Israel: contexto e particularidades — 29

ECONOMIA ISRAELENSE: FATOS MARCANTES E NÚMEROS ESSENCIAIS	29
Cultura corporativa e P&D	34
Resiliência econômica	37
UM SUCESSO PARADOXAL: A IMAGINAÇÃO DIANTE DO RISCO	39
O MODELO ISRAELENSE DE INOVAÇÃO (POR YAIR CHAMIR)	44

2. Modelos de *clusters* de inovação no mundo: o caso de Israel — 49

OS DIFERENTES TIPOS DE *CLUSTERS*	51
Como se cria um *cluster* ou um "Vale de Inovação"	52
Fatores essenciais para o sucesso de um *cluster*	54

A relação universidade-indústria
(por Michel Revel)   58

SUSTENTABILIDADE E CULTURA CORPORATIVA   60

3. **O capital humano como escudo**   63

IMIGRAÇÃO E DIVERSIDADE CULTURAL   64

A ORGANIZAÇÃO DO SISTEMA EDUCACIONAL   74

O INSTITUTO TECHNION   75

Technion, o motor da inovação israelense
(por Peretz Lavie)   78

O PAPEL DAS FUNDAÇÕES   81

4. **O escudo militar e o impacto do exército na coesão social e na inovação**   83

EXÉRCITO, PROTAGONISTA NO CENÁRIO ISRAELENSE   83

INOVAÇÕES DO EXÉRCITO E A TRANSFERÊNCIA TECNOLÓGICA DE MILITARES PARA CIVIS   87

O ELO ENTRE A DEFESA ISRAELENSE E O SETOR INDUSTRIAL   90

Sobre trabalhar na mesma área e ser das mesmas unidades   91

MATI BEN-AVRAHAM ENTREVISTA DAVID HARIRI   94

5. **O espírito empreendedor**   99

A MUDANÇA DE INTERVENCIONISMO PARA LIBERALISMO   99

SÍNDROME DA "MÃE JUDIA" E O ESPÍRITO
EMPREENDEDOR 100

A LONGA HISTÓRIA DO ANTISSEMITISMO 101

Atuando nos bastidores 102
Derrube os muros ou passe por cima deles 102

UM CASO QUE REPRESENTA BASTANTE O
EMPREENDEDORISMO DE ISRAEL: *A GIVEN IMAGING* 103

6. A circulação da informação 107

A VIGILÂNCIA OPERACIONAL 109

A observação estratégica 109
Abertura e descompartimentalização 111
A apreciação do secreto 112
A exportação de conhecimento antiterrorista 115
Redes e networking 117

7. As incubadoras tecnológicas 121

AS CARACTERÍSTICAS ESPECIAIS DO PROGRAMA
DE INCUBADORAS DE ISRAEL 122

Princípios 124
A evolução rumo à privatização 124
Divisão de startups 126
Funcionamento das incubadoras 127
Google Israël 128
NGT, a incubadora judaico-árabe 129
Atividades apoiadas pela NGT 131

8. **O escudo de financiamento da inovação: o capital de risco (capítulo escrito com a colaboração de Yvon Maier)** — 133

DE VOLTA ÀS ORIGENS — 133

O DESENVOLVIMENTO TECNOLÓGICO POR MEIO DO CAPITAL DE RISCO — 134

As problemáticas do capital de risco — 139

9. **Tecnologias verdes: a *cleantech* (capítulo escrito com a colaboração de Laurent Choppe, de Yvon Maier e do professor Steve Ohana, da ESCP Europe)** — 147

A QUESTÃO DA ÁGUA — 150

A QUESTÃO DA ENERGIA — 155

Evitando a "Síndrome Holandesa": não coloque todos os ovos em uma única cesta — 157

A QUESTÃO DAS ENERGIAS RENOVÁVEIS — 158

UM PARADOXO: AS ENERGIAS RENOVÁVEIS SUBEMPREGADAS — 159

A energia solar na política energética de Israel — 161

10. **As ciências biológicas (capítulo escrito com a colaboração do Dr. Laurent Choppe)** — 163

DA PESQUISA À INDÚSTRIA — 163

Transferência de tecnologia para a indústria (por Daniel Zaijfman) — 165

CIÊNCIAS BIOLÓGICAS: MOTOR DE CRESCIMENTO — 166

AS CHAVES PARA O SUCESSO DA TEVA E SUAS
SUBSIDIÁRIAS (POR ELI HURVITZ [1932-2011],
FUNDADOR DA TEVA)   168

11. As fissuras do escudo (capítulo escrito em coautoria
com Benjamin Lehiany, do Centro de Pesquisa em
Gestão da École Polytechnique, Paris)   171

ISRAEL EM FACE DO BOICOTE   172

FALTA DE MÃO DE OBRA ESPECIALIZADA   174

A DEPENDÊNCIA NORTE-AMERICANA   175

O ESTADO DAS MINORIAS   178

A NECESSIDADE DE REFORMA ELEITORAL   180

OS RECURSOS E AS COMPETÊNCIAS ESSENCIAIS   182

Recursos   183
Competências   183

12. O futuro da tecnologia em Israel   185

ISRAEL NO CENÁRIO GLOBAL DA INOVAÇÃO
TECNOLÓGICA   185

AS TECNOLOGIAS DA INDÚSTRIA 4.0   186

Inteligência artificial   187

CIÊNCIAS BIOLÓGICAS   191

O caso especial da *Braintechnology*   193

SEGURANÇA CIBERNÉTICA   195

IMPRESSÃO 3D   197

QUAL O FUTURO DO VALE DE ISRAEL? 199

PROFESSOR SHECHTMAN,
PRÊMIO NOBEL DE QUÍMICA EM 2011 202

13. As tecnologias israelenses: oportunidades para o
Brasil (capítulo escrito pela profª. Regina Negri
Pagani, da Universidade Tecnológica Federal do
Paraná — UTFPR) 207

RELAÇÕES DIPLOMÁTICAS BRASIL–ISRAEL 207

Perfil Brasil–Israel 208

TECNOLOGIAS ISRAELENSES QUE PODEM CONTRIBUIR
PARA O BRASIL 212

Tecnologias inovadoras para o agronegócio 214

Tecnologias para a gestão da água 215

Tecnologias na área de Ciências Biológicas 218

PARCERIA EM ENSINO E PESQUISA 219

Conclusão 223

Os dez mandamentos da inovação israelense 227

Empresas israelenses no coração da inovação 233

Bibliografia 301

Agradecimentos

Este livro levou mais de sete anos para ser escrito. Especialistas, professores, consultores e analistas contribuíram para o resultado final, que foi reescrito e corrigido várias vezes desde a sua primeira edição em francês. Além de uma segunda edição na França, ele já foi traduzido e publicado na Itália e na China. E, agora, em função do restabelecimento dos antigos laços de Israel com o Brasil, preparamos esta versão em português, que, acreditamos, será tão bem aceita quanto foi nos demais países onde já foi publicado até agora.

Os autores agradecem especialmente a Armand Dayan, Pascale Pernet e Steve Ohana da ESCP Europa, a Benjamin Lehiany (Ecole Polytechnique), Roger Cukierman, Dr. Laurent Choppe, Anabelle Cukierman, Maxime Perez (Defesa), Michaël Bickart, Rowane Tran-Van, Jacques Bendelac (Jerusalém), Mati Ben Avraham, Oren Dahan, Julien Bahloul e Audrey Gozlan.

A coordenação da revisão do livro foi feita por Gilles Gouteux, da ESCP, Paris, França.

Prefácio

Em *O vale de Israel*, Edouard Cukierman, em parceria com Daniel Rouach e com a colaboração de Regina Negri Pagani, apresenta os resultados de um trabalho que exigiu além de fôlego incomum, a reunião de dados acumulados em pesquisas ao longo de sete anos.

É uma leitura imperdível. Pode-se afirmar que o livro constitui um contraponto necessário a infâmias, como aquelas propagadas pelos nauseabundos *Protocolos dos Sábios de Sião* e demais publicações do gênero. Em uma de suas canções, o cantor Jacques Brel afirmava – em tom jocoso, por se tratar de uma sátira – que pela espessura das cascas de batatas se vê a grandeza de uma nação. No caso israelense, essa grandeza é ilustrada à saciedade pela sua abordagem da tecnologia e da inovação.

A grande vantagem deste livro é que, pela sua estrutura modular, é perfeitamente possível optar pela leitura contínua ou pela seleção de um ou outro capítulo. Isso sem prejudicar a impressão de encantamento ao perceber o quanto é possível realizar em um país desprovido da abundância de recursos naturais, mas que prima pela abundância de massa cinzenta, e também pela *chutspah*, pela ousadia, pelo "topete".

Uma anedota, verdadeira ou não, ilustra essa característica. Segundo ela, ao recrutar o segundo escalão do seu ministério, David Ben-Gurion teria entrevistado um candidato:

— O senhor possui habilidades gerenciais?

— Sim, alguma.

— Possui experiência na área diplomática?

— Não muita, mas é preciso?

— Domina idiomas?

— Não exatamente, mas é preciso?

— E se candidata a uma função importante, está louco?

— Isso também é preciso?

Não ter medo de errar, ser transparente, compartilhar sua experiência, integrar-se rapidamente em um país de imigração são alguns trunfos de que os empreendedores israelenses dispõem. "É melhor ser ousado do que prudente", afirmava Nicolau Maquiavel cinco séculos atrás.

Yuval Noah Harari, em *Sapiens*, resume o segredo da pujança que emana do Vale de Israel: "À medida que as pessoas modernas passaram a admitir que não conheciam as respostas para algumas perguntas importantes, acharam necessário procurar conhecimentos *completamente novos*" (grifo do autor). Isso explica, em parte, o surgimento de empresas com expertise no Big Data, processamento em nuvem, nanotecnologia, internet das coisas, inteligência artificial, sempre oposta à burrice natural.

O livro lista inúmeros empreendimentos de sucesso. A exemplo de empresas norte-americana que nasceram em uma garagem, a israelense CheckPoint nasceu em um apartamento, fruto da inventividade de três amigos que se conheceram durante o serviço militar. O sistema educacional possui suas peculiaridades, tendo abolido o *magister dixit*, já que o questionamento é constante, e essa situação se reproduz na vida adulta. O autor também cita o exemplo de uma unidade de reserva do Hilton, na qual o chefe de cozinha tem sob suas ordens o diretor do hotel.

Para ilustrar o reconhecimento do valor das startups de Israel, um produto dos famosos *clusters*, basta citar que existem hoje 174 empresas israelenses registradas na Nasdaq – o que deixa o país em segundo lugar, depois do Canadá – ou que a primeira empresa estrangeira registrada na Bolsa alemã era israelense.

Para nós, que nascemos no Brasil, há um capítulo especial, de autoria da professora Regina Negri Pagani, que lista as tecnologias israelenses que podem interessar ao nosso país. Esse capítulo é absolutamente imperdível.

É impossível, concluindo a leitura do livro, não se deixar levar pelo entusiasmo ante tantas realizações. Hamletianamente, resta dizer: "O resto é silêncio".

Alex Solomon, empreendedor e escritor

Introdução
O DNA do Vale de Israel, um modelo de inovação

Israel é um país único. A necessidade moldou seus homens e manteve um espírito pioneiro, uma capacidade de lutar diariamente, de resistir a tempestades. As condições particulares da criação e do desenvolvimento do país explicam o papel essencial que o Estado ainda desempenha na economia. Mais importante ainda talvez seja a insegurança constante que, em função de suas características fronteiriças, cerca o país por todos os lados, exceto em parte do Mediterrâneo. Isso levou à criação de um poderoso exército e ao desenvolvimento e aprimoramento de uma indústria militar que fez de Israel, em particular seu impacto no setor civil, uma potência mundial no setor de alta tecnologia.

Desde a sua criação, o país mudou de aparência, mas as tendências da década de 1990 se confirmaram: a massa cinzenta é o capital mais sólido de Israel. A luta de Israel pela sobrevivência, desde sua fundação em 1948, moldou sua economia e seus negócios, bem como o temperamento de seus líderes econômicos. Seu ambiente regional ainda requer que uma grande parte de sua riqueza nacional seja dedicada ao setor de defesa a cada ano.

Os israelenses souberam se adaptar a essas condições particulares, a esse isolamento, e transformaram os elementos hostis

22 | O VALE DE ISRAEL

em estratégias a seu favor. Eles cultivam o deserto, inovam, exportam e promovem o multiculturalismo. Assim, Israel se tornou o laboratório tecnológico do Oriente Médio.

Sem esses grandes desafios, Israel talvez não tivesse se tornado um líder global em segurança de computadores, um dos pioneiros em aeronaves não tripuladas, em tecnologia de imagens médicas, em objetos conectados, um país onde florescem as atividades de P&D (pesquisa e desenvolvimento). Gradualmente, líderes mundiais como Comverse Technology, Check Point* e Netafim**, por exemplo, nasceram e se desenvolveram no país. Aproveitando esse clima extremamente criativo, grandes multinacionais — da IBM à Intel, passando por Microsoft, Cisco, Google, Johnson & Johnson e outros gigantes da indústria — inauguraram centros de P&D em Israel, provavelmente porque o país tem em seu território um "quarteto mágico" do setor de P&D:

1. Universidades de excelência, especialmente focadas no campo científico (metade dos estudantes israelenses escolhe a área de ciências).
2. Capital humano único em termos de experiência, resiliência, disciplina, habilidades e diversidade cultural.
3. Sinergia muito forte entre academia e indústria (cada universidade tem uma empresa de transferência de tecnologia).
4. O *Tsahal* (Israel Defense Forces — IDF), o exército israelense, que aparece como o catalisador de P&D.

Esses quatro fatores são essenciais para explicar o sucesso de Israel em pesquisa e desenvolvimento. Nesse quarteto —

---

* http://www.checkpoint.com/
** http:/www.netafim.com

necessário para muitas empresas de tecnologia que querem estar na vanguarda da pesquisa em seu setor — se baseia esse país, onde nascem as tecnologias do amanhã.

VIAGEM AO CORAÇÃO DA "ALDEIA TECNOLÓGICA"

"Small is beautiful" escreveu Ernst Friedrich Schumacher, em 1976. Com um pequeno território de 22 mil quilômetros quadrados (equivalente ao estado de Sergipe), povoado por pouco mais de 8,8 milhões de habitantes, no Oriente Médio, que foi berço de nossas civilizações, Israel desenvolveu vários polos de inovação tecnológica, os *clusters* (polos de tecnologias que estimulam negócios e crescimento), motores de sua economia e de seu desenvolvimento. Criados sob o padrão da Costa Oeste americana, como o Vale do Silício, mas tipicamente israelenses, esses grupos oferecem um modelo particular e reproduzível em alguns aspectos. No entanto, antes de definir esse perfil, façamos uma pequena viagem para conhecer o país.

Na rota costeira ladeada de vegetação que leva de Tel Aviv a Herzliya, situada a poucos quilômetros ao norte, as ondas do Mediterrâneo se movem ritmadamente (Figura 1 do caderno de imagens). Em uma bacia tradicionalmente conhecida por sua riqueza e seu comércio, o Mediterrâneo conta, a quem se dispuser a escutar, como foram os primeiros passos desse pequeno Estado quase septuagenário. Além disso, ninguém fica surpreso ao ver aparecer no caminho uma imagem esculpida de Theodor Herzl, o pai do sionismo*. O primeiro polo, criado na década de 1980, é, à primeira vista, semelhante a um parque

---

* Sionismo é um movimento a favor da existência de um Estado nacional judaico independente no território onde havia o Reino de Israel. *(N. da T.)*

industrial como em todo o mundo, cheio de placas indicando os nomes e endereços das empresas ali instaladas. Vislumbra-se um centro vibrante, onde homens e mulheres de idade entre 20 e 30 anos se conhecem e se comunicam intensamente. Com sua infinidade de pequenos pontos de encontro, seu incrível parque tecnológico moderno e seus restaurantes da moda, o centro da cidade de Herzliya está repleto de escritórios de advocacia e de capitalistas de risco que projetam Israel para o futuro.

O *cluster* de Herzliya é uma mistura próspera de empresas internacionais líderes e startups, ilustrando o que o professor norte-americano Michael Porter analisou como o "efeito *cluster*": como uvas, várias startups pequenas se aglomeram em torno de um grande grupo industrial internacional.

Seguindo pelo caminho ao longo da costa, ainda mais ao norte, perto de Haifa, um segundo polo de alta tecnologia muito diferente é o de Matam. Esse polo abriga grandes grupos, como a Intel, em um edifício imponente que recebe os melhores alunos do famoso Instituto Tecnológico de Israel, o Technion, de Haifa — semelhante ao Instituto de Tecnologia de Massachusetts (MIT) —, para estágios, programas de doutorado e trabalhos de pesquisa em engenharia. Ali, existe uma proximidade muito forte entre a alta tecnologia, o empreendimento e os jovens empreendedores.

O terceiro polo se situa em Rehovot, a 20 quilômetros ao sul de Tel Aviv — é o Instituto Weizmann. Considerado um dos dez centros mais agradáveis do mundo em termos de condições de trabalho, o instituto se situa estrategicamente perto do "Vale da Biotecnologia", com o qual mantém trocas permanentes. Fios invisíveis conectam indústrias, professores e pesquisadores do instituto, cujas atividades acadêmicas são, muitas vezes, compatíveis com o desenvolvimento de startups.

Devemos também mencionar os *clusters* menores das cidades de Ra'anana, Petah Tikva, Netanya e sua vizinha Rishon Le Zion, por vezes chamados de Silicon Wadi ("Vale do Silício").

Todavia, apesar do estudo desses fatores claramente mencionados, o sucesso e a alquimia específica do Estado judeu permanecem um enigma para todos. Pesquisadores e jornalistas buscam respostas para entender a criatividade e o dinamismo desse minúsculo país.

Ao longo deste livro, nos concentramos em responder às seguintes questões essenciais:

- Como Israel foi capaz de criar e manter uma liderança tecnológica em um ambiente geopolítico desfavorável (rede de inovação e P&D, políticas públicas, educação, apoio para adolescentes iniciantes)?
- Quais elementos da cultura israelense permitiram o surgimento de uma economia de alta tecnologia tão bem-sucedida e inovadora (espírito israelense de *chutzpah*, uma mistura de coragem e audácia; obrigatoriedade do serviço militar, intensas atividades de networking)?
- Qual é o impacto das forças armadas e da alta tecnologia na sobrevivência e no desenvolvimento de Israel (incentivos para a transferência de tecnologia da esfera militar para a civil, unidade de excelência 8200 da Inteligência Israelense)?
- Quais são as lições úteis que outros países e suas empresas podem extrair da experiência israelense (abertura na relação universidade-indústria, incentivo a jovens talentos, incubadoras...)?

Buscaremos também conceituar um modelo que possa descrever as razões do sucesso da alta tecnologia israelense: o escudo, um epicentro ativo e aberto ao mundo.

Desde a proclamação do Estado, mesmo a partir de sua concepção moderna pelos pais do sionismo, seus maiores líderes entenderam que sua sobrevivência basear-se-ia em um princípio essencial: a presença e o desenvolvimento de um escudo tecnológico e científico capaz de proteger e fortalecer a segurança do país.

Educação, pesquisa, inovação, transferência de tecnologia, exército, inteligência, redes e cultura corporativa — essas são as palavras-chave. Elas imprimem sua marca transversalmente aos valores-chave do Vale de Israel: o escudo humano, o escudo de informações, o escudo empresarial, o escudo de inicialização (incubadoras), o escudo da antecipação e o escudo tecnológico do *Tsahal* (IDF), o exército de defesa de Israel. Juntos, esses fatores constituem e alimentam o escudo de independência e alta tecnologia de Israel: seu escudo tecnológico.

A própria ideia de escudo está onipresente no inconsciente coletivo da sociedade israelense. Na Bíblia, ela se refere aos grandes momentos da história do povo judeu, marcado por exílio, abuso, *pogroms** e o Holocausto, da história do antissemitismo e suas expressões criminais radicais. Por essas razões, o escudo é um dos maiores símbolos do Estado hebraico: aparece em sua bandeira, lembra a estrela de Davi (*Magen David*, literalmente "Escudo de Davi"), e está presente até mesmo no nome do exército israelense, o *Tsahal* (sigla para *Tsva Haganah LeIsrael* — *Tsahal*, traduzido para o português como Forças de Defesa de Israel, que aqui iremos denominar IDF, como é internacionalmente conhecido), que menciona explicitamente a ideia de proteção. Essa filosofia representa uma característica da sociedade israelense.

---

* Termo referente à perseguição de um grupo étnico ou religioso, mais especificamente aos violentos ataques físicos cometidos contra os judeus. (*N. da T.*)

Um escudo (um valor defensivo) protege contra a agressão, mas também permite que alguém se organize, se desenvolva e se abra para o mundo exterior sem medo (um valor positivo). Da mesma maneira, na psicologia, um ser humano só consegue ser mais sociável se estiver centrado, construído e assentado em suas bases.

O escudo tecnológico é o epicentro das doutrinas militar e civil: os líderes políticos e militares israelenses investiram grandes somas de dinheiro nele, e o conhecimento tecnológico adquirido foi sistematicamente redirecionado para o domínio civil.

1. O Vale de Israel: contexto e particularidades

ECONOMIA ISRAELENSE: FATOS MARCANTES E NÚMEROS ESSENCIAIS

Durante a criação do Estado de Israel, em 1948, a situação econômica era bastante frágil: o custo do esforço de guerra e a absorção necessária de novos imigrantes eram as principais causas dessa fragilidade. Ao longo de dez anos, 3 bilhões de marcos* foram injetados na economia israelense. As doações privadas, especialmente da América do Norte, chegaram a US$ 100 milhões por ano. Os investimentos estavam focados na indústria de manufatura e na agricultura. Foram também favorecidos o desenvolvimento de portos e infraestruturas nacionais, num esforço contínuo de descentralização. Regiões como a Galileia e o Negev foram favorecidas como opções de povoamento. Na década de 1960, os setores industriais mais importantes eram o têxtil e o agroalimentar.

---

* Ver o Acordo do Luxemburgo de 1952 sobre as indenizações de guerra entre a Alemanha e Israel. (*N. do A.*)

30 | O VALE DE ISRAEL

Por mais de vinte anos, a economia de Israel teve um crescimento de dois dígitos. A tendência se inverteu a partir de 1973
com a Guerra do Yom Kipur. O conflito gerou um verdadeiro
retrocesso de dez anos.

Nos anos 1980, a situação econômica era catastrófica: a inflação era de 450%. As previsões mais alarmantes apontavam
para uma inflação de 1.000%. No entanto, apesar da segunda
Intifada*, que foi uma verdadeira armadilha financeira, o afluxo
maciço de imigrantes da antiga URSS e o início do processo de
paz começaram a impulsionar a economia israelense.

O país mostrou uma incrível resiliência após a crise econômica de 2008. De fato, seu PIB cresceu a uma média de 4% ao
ano nos últimos cinco anos, quando a média para os países da
OCDE foi de 0,7%. Por fim, em 2016, a taxa de desemprego do
país foi de 4,10%, a menor em trinta anos.

Setores econômicos

Desde a sua criação, o Estado de Israel desenvolveu uma
economia de mercado caracterizada pelo forte desenvolvimento
dos setores e serviços de alta tecnologia. Ocupando a vigésima
segunda posição mundial no Índice de Desenvolvimento
Humano**, Israel é considerado um país muito desenvolvido.

Os principais setores da indústria israelense são equipamentos eletrônicos e biomédicos, telecomunicações e sistemas
de informação, produtos químicos e equipamentos militares. O
país também é um dos maiores centros mundiais de lapidação
de diamantes.

---

* Nome popular das insurreições dos palestinos da Cisjordânia contra Israel. (*N. da T.*)
** http://hdr.undp.org/en/countries/profiles/ISR

O VALE DE ISRAEL | 31

Até a recente descoberta de gás *offshore* (localizado no mar), o país não possuía recursos naturais. Assim, o Estado hebreu importa grande parte de seu consumo de energia (100% de seu consumo de petróleo, por exemplo). Desde o primeiro semestre de 2013, no entanto, Israel começou a operar seus campos de gás *offshore*. Segundo a OCDE, essas explorações devem vir acompanhadas de um aumento significativo do PIB do país (+2,6% em 2014, +4% em 2016 e +6% em 2018, dois pontos percentuais além do previsto, conforme apontado pelo site Trading Economics*) (Figura 2 do caderno de imagens).

O espírito empreendedor fica evidente: um pequeno país com uma população de cerca de 8,5 milhões de pessoas ganhou o apelido de "nação startup" principalmente por ter o maior número de startups *per capita* do mundo, cerca de uma startup para cada 1.400 pessoas, segundo reportagem da revista *Forbes***.

As exportações de bens de tecnologias de informação e comunicação em Israel (% do total de todas as exportações de bens) representaram 11,73% em 2016, de acordo com o conjunto de indicadores de desenvolvimento do Banco Mundial, segundo o site Trading Economics***.

Contabilizando 2,8% do PIB do país e 2% das exportações, a atividade agrícola ainda responde por uma grande parcela da atividade econômica. Israel satisfaz 95% de suas necessidades alimentares e, historicamente, as frutas cítricas, como laranja, o símbolo de Jaffa, foram as primeiras exportações do país, antes da chegada da alta tecnologia. Desde o nascimento de Israel, em 1948, as exportações aumentaram 7.000% e passaram de

---

* https://tradingeconomics.com/israel/gdp-growth

** https://www.forbes.com/sites/startupnationcentral/2018/05/14/israeli-techs--identity-crisis-startup-nation-or-scale-up-nation/#1e31db46ef48

*** https://tradingeconomics.com/israel/ict-goods-exports-percent-of-total-goods--exports-wb-data.html

US$ 6 milhões a US$ 45 bilhões em 2015. Devido à crescente importância da alta tecnologia nas exportações industriais israelenses, em 2015 41,5% dos produtos manufaturados exportados estavam relacionados a ela.

Por fim, o turismo também desempenha um papel importante na economia nacional. De acordo com o *Times of Israel**, no ano de 2018 o setor teve um aumento de 13% na chegada de turistas em comparação a 2017 e de 38% em relação a 2016, com a receita do turismo ultrapassando os 24 bilhões de ienes (US$ 6,3 bilhões), de acordo com o Ministério do Turismo. Ao receber cerca de 4 milhões de turistas ao longo de 2018, Israel quebrou um novo recorde, informou o Ministério do Turismo.

As exportações desempenham um papel de extrema relevância para o país, descrita a seguir.

Exportações

O comércio externo global é positivo, contribuindo para um significativo excedente da balança corrente, que, em 2017, era de 4,7% do PIB. De acordo com o *Atlas Media***, Israel é a 48ª maior economia de exportação do mundo e a 17ª economia mais complexa, segundo o Economic Complexity Index (ECI). Em 2017, Israel exportou US$ 48,8 bilhões e importou US$ 62,5 bilhões, resultando em um saldo comercial positivo de US$ 13,7 bilhões. Em 2017, o PIB de Israel foi de US$ 350 bilhões, e seu PIB *per capita* foi de US$ 38,3 mil.

Atualmente, as exportações israelenses mais importantes são diversificadas, de vários setores. As principais exportações são diamantes (US$ 10,7 bilhões), medicamentos embalados

---

* https://www.timesofisrael.com/israel-saw-record-breaking-4-million-tourists-in-2018-says-tourism-ministry/
** https://atlas.media.mit.edu/en/profile/country/isr/

(US$ 4,72 bilhões), circuitos integrados (US$ 2,19 bilhões), petróleo refinado (US$ 1,58 bilhão) e pesticidas (US$ 1,35 bilhão) (Figura 3 do caderno de imagens).

Os principais destinos de exportação de Israel são Estados Unidos (US$ 18,2 bilhões), China (US$ 3,66 bilhões), Bélgica--Luxemburgo (US$ 1,91 bilhão), Índia (US$ 1,85 bilhão) e Alemanha (US$ 1,78 bilhão)* (Figura 4 do caderno de imagens). As exportações da indústria bélica representam uma importante fonte de divisas para Israel (Figura 5 do caderno de imagens).

Suas principais importações incluem petróleo bruto (US$ 3,98 bilhões), carros (US$ 3,79 bilhões), equipamentos de laboratório fotográfico (US$ 1,85 bilhão) e equipamentos de transmissão (US$ 1,69 bilhão)**.

Em 1998, a AOL comprou por US$ 407 milhões a empresa Mirabilis, fundada alguns anos antes por Yossi Vardi e estudantes israelenses, mais conhecida por seu sistema de mensagens instantâneas ICQ ("*I seek you*", ou "Estou procurando você").

Em 1999, a economia israelense quebrou novos recordes quando a Intel comprou a sociedade DSP*** por US$ 1,6 bilhão.

No final de julho de 2006, quando foguetes libaneses do Hezbollah aterrissaram no norte de Haifa, a Hewlett Packard ofereceu o Mercury, o "rei" israelense dos testes de software, desembolsando US$ 4,5 bilhões. Em 2012, a líder mundial em hardware e software de rede adquiriu a empresa israelense NDS**** por US$ 5 bilhões. Essas compras estão entre as transações mais importantes da história do país no campo da alta tecnologia.

---

* https://atlas.media.mit.edu/en/profile/country/isr/
** https://atlas.media.mit.edu/en/profile/country/isr/
*** https://www.intel.com/content/www/us/en/architecture-and-technology/programmable/digital-signal-processing/overview.html
**** NDS Group Plc. (formalmente comercializado pela NASDAQ como NNDS) é uma empresa desenvolvedora de tecnologia para televisão. (*N. da T.*)

Em 2013, a Google comprou, por US$ 966 milhões, a startup Waze, fundada em 2008 por três israelenses, Uri Levine, Ehud Shabtai e Amir Shinar. O Waze é o primeiro aplicativo de navegação GPS móvel baseado na comunidade que permite atualizar as informações de tráfego em tempo real.

Em 2015, a Intel comprou a empresa Mobileye por um valor recorde de US$ 15 bilhões.

Esses são alguns dos exemplos significativos entre muitos investimentos estrangeiros na indústria de alta tecnologia israelense.

O multibilionário Warren Buffett, que fez em Israel seu maior investimento fora dos Estados Unidos, comprando a Iscar conforme uma valorização de US$ 5 bilhões, diz: "Você nem para em Israel quando vai ao Oriente Médio em busca de petróleo; mas, se sua busca é por tecnologia de ponta, Israel é o seu destino final."

Cultura corporativa e P&D

A criatividade tecnológica atrelada a um fluxo adequado de capital do governo, investidores e capitalistas de risco para financiar o estabelecimento e o crescimento de novas empresas fortaleceram o desenvolvimento da indústria de alta tecnologia, fazendo-a prosperar (Figura 7 do caderno de imagens).

Em Israel, em valores absolutos, os investimentos de capital de risco, na fase de aporte (a primeira contribuição de capital para uma empresa) ou fase inicial (fase de financiamento após o aporte de capital em que a empresa já pode justificar um valor de negócio ou produto acabado), são equivalentes à metade do total dos investimentos feitos em toda a Europa.

É assim que o território israelense constitui um dos mais recentes *clusters* tecnológicos de acordo com a terminologia de

Michael Porter, como o Vale do Silício. Todos os ingredientes estão presentes, especialmente o fenômeno da "cola social" (laços sociais fortes que unem e mantêm as pessoas em uma interação dinâmica), que cidades como Dubai estão lutando para implementar.

Os centros de pesquisa e desenvolvimento também têm uma reputação mundial e se encontram na origem dos avanços tecnológicos, que hoje fazem parte de nossa vida cotidiana: os processadores Centrino e Dual Core, os sistemas de segurança para transações financeiras na internet, a chave USB, painéis solares flutuantes etc.

Segundo a UNESCO, Israel ocupa o segundo lugar em gastos globais em P&D, representando 4,2% do PIB (Figura 6 do caderno de imagens). Esse investimento é necessário para promover os Objetivos Globais de Desenvolvimento Sustentável da ONU (ODS) e alcançar o progresso.

No entanto, as empresas respondem pela maior parte do financiamento para pesquisa civil: 81% do total comparado a 12% para as universidades, que também são administradas de forma independente, e menos de 1% para o governo, com uma tendência de queda iniciada em 2003. As tecnologias de informação e comunicação (TIC) representam 84% das despesas com P&D para empresas, combinando software e hardware. O orçamento total para pesquisa em sete das maiores universidades de Israel é de €331 milhões; 20% desse orçamento é destinado à pesquisa competitiva. O Estado hebreu é também hoje o número 4 do mundo em termos de patentes registradas *per capita*.

Educação e universidades

Segundo o Ministério de Finanças de Israel (2018), o país apresenta o maior número de graus acadêmicos *per capita*, com 140 diplomas a cada mil pessoas, e é classificado como o segundo país com o maior número de adultos com nível superior completo.

As despesas anuais com educação chegaram a 9,2% do PIB em 2016*. O país investe 4,2% do seu PIB em P&D, a maior taxa do mundo de investimento nessa categoria. Segundo o relatório de 2018 do Banco Mundial, 12 israelenses ganharam prêmios Nobel**. Todavia, a título de curiosidade, quando abordamos o número de judeus que vivem em outros países e que ganharam o prêmio Nobel, esse número é impressionante, superando um total de 135 prêmios entregues.

O Global Competitiveness Report 2018*** classificou Israel como o primeiro no mundo por sua atitude em relação ao risco empreendedor, e o primeiro no crescimento de empresas inovadoras, resultado de uma força de trabalho excepcionalmente empreendedora. Além disso, na onda de imigração de mais de 1 milhão de pessoas para Israel no início dos anos 1990, 37% delas eram engenheiras. Segundo o relatório de capital intelectual do cientista-chefe do Ministério do Trabalho e do Ministério da Indústria de Israel,**** o país tem a maior concentração de engenheiros do mundo e de cientistas *per capita* em relação a qualquer outro país desenvolvido (Figura 8 do caderno de imagens).

Um estudo anterior mostrava que a parcela da população economicamente ativa com um diploma superior chegava a 45% (em comparação a pouco menos de 25% na França). Há uma média de 140 engenheiros e cientistas para cada 10 mil funcionários (em comparação a 85 nos Estados Unidos

---

* Central Bureau of Statistics, 2016.
** World Bank Report, 2018.
*** Global Competitiveness Report, 2018.
**** https://www.jpost.com/Business/Business-News/Israel-leads-world-in-per-capita-scientists-and-engineers

e 65 no Japão, onde 24% da força de trabalho tem diploma universitário). "Israel tem uma força de trabalho altamente educada, juntamente com instituições de ensino de primeira classe", diz o estudo (Figura 9 do caderno de imagens).

Um relatório da OCDE de 2010 atribuiu as causas a dois fatores: a orientação maciça de estudantes para o setor de ciências e a imigração russa na década de 1990. Dentre o milhão de imigrantes do antigo bloco da União Soviética, a maioria tinha um diploma acadêmico.

Resiliência econômica

Durante a crise financeira de 2008, a economia israelense mostrou uma saúde inabalável em comparação a outros países desenvolvidos (Figura 10 do caderno de imagens), como um crescimento baixo do PIB, mas positivo, em 2009, quando a taxa de crescimento dos países desenvolvidos da OCDE diminuiu, caindo a 3,5%, aproximadamente.

Há duas explicações para isso: o Estado empresta mais do que pede emprestado, e o governo, por meio do Banco de Israel, geralmente implementa políticas macroeconômicas conservadoras. Se a dívida atingiu 104,5% do PIB em 2004, agora está em queda acentuada — atualmente ela caiu para 78% do PIB, o que é muito próximo da média dos países da OCDE.

De 2013 a 2015, o crescimento ficou próximo de 3,8%, o que corresponde a um meio-termo entre as taxas de crescimento da Europa e da Ásia, já que Israel representa o ponto de encontro desses dois continentes.

Não é por acaso que Israel faz parte da OCDE: seu crescimento é um dos mais elevados da organização; sua taxa de desemprego é a mais baixa desde a criação do país; e o Estado também resistiu bem à crise financeira global de 2008.

O surgimento da tecnologia tornou as empresas extremamente competitivas. Informa o site TradingEconomics*:

A edição mais recente de 2018 do Global Competitiveness Report avalia 140 economias. O relatório é composto de 98 variáveis, a partir de uma combinação de dados de organizações internacionais, bem como da Pesquisa de Opinião Executiva do Fórum Econômico Mundial. As variáveis estão organizadas em doze pilares com os mais importantes, incluindo: instituições; a infraestrutura; adoção de TIC; estabilidade macroeconômica; saúde; habilidades; mercado de produtos; mercado de trabalho; sistema financeiro; tamanho do mercado; dinamismo empresarial; e capacidade de inovação. O ICG varia entre 1 e 100, maior pontuação média significa maior grau de competitividade. Com a edição de 2018, o Fórum Econômico Mundial introduziu uma nova metodologia, visando integrar a noção da 4ª Revolução Industrial na definição de competitividade. Enfatiza o papel do capital humano, inovação, resiliência e agilidade, como não apenas impulsionadores, mas também definindo características de sucesso econômico na 4ª Revolução Industrial. Esta página fornece o último valor relatado para Índice de Competitividade de Israel — além de versões anteriores, previsões e prognósticos de curto e longo prazo, calendário econômico, consenso de pesquisa e notícias. O Índice de Competitividade de Israel — dados reais, gráfico histórico e calendário de lançamentos — foi atualizado pela última vez em fevereiro de 2019.

---

* https://tradingeconomics.com/israel/competitiveness-index

Os valores são simplesmente assombrosos. A Figura 11 do caderno de fotos apresenta o salto meteórico da competitividade de Israel.

Os fatores por trás dessa força inovadora são o tema do nosso estudo. No entanto, observamos aqui que uma das características fundamentais do sistema de inovação de Israel é a participação ativa e constante do setor privado na formulação de políticas nacionais de pesquisa e inovação: o governo entendeu a importância vital da P&D para o sucesso econômico do país.

UM SUCESSO PARADOXAL:
A IMAGINAÇÃO DIANTE DO RISCO

Um dos desafios enfrentados por Israel é transformar fatores de ameaça em fatores favoráveis. O país sempre esteve em uma situação geopolítica complexa. Desde a criação do Estado de Israel, em 1948, e especialmente em 1956, durante a crise de Suez, as relações franco-israelenses foram próximas: a França era a principal fornecedora de armas do Estado judeu, e a Força Aérea Israelense estava quase totalmente equipada com aeronaves francesas. A Guerra dos Seis Dias de 1967 foi seguida por um embargo imposto pela França, e então Israel não pôde mais recorrer ao fabricante de aviões Dassault* com seus caças Mirage, que haviam desempenhado um papel importante nos combates. As autoridades israelenses decidiram prosseguir com o desenvolvimento de aviões-caça construídos nacionalmente: o Nesher e o Kfir, ambos inspirados nas aeronaves francesas Mirage.

---

* http://www.dassault-aviation.com/fr/

40 | O VALE DE ISRAEL

Foi precisamente a partir desse embargo, um verdadeiro catalisador do empreendedorismo, que a indústria militar israelense experimentou um verdadeiro *boom*. É um exemplo concreto de como os israelenses conseguem transformar em vantagem aquilo que, originalmente, seria uma deficiência, e essa característica é recorrente no modelo econômico do país.

Stef Wertheimer*, fundador da Iscar Ltda**. e de diversos outros parques industriais, disse ironicamente durante uma visita de Laurent Dassault à empresa:

> Devemos colocar a estátua de De Gaulle na entrada do nosso parque. Graças ao embargo, pude criar a empresa Lehavim para permitir a construção de motores. Assim, a Iscar e a Tefen Park*** se desenvolveram indiretamente graças à França.

Nessa mesma linha de pensamento, Israel precisou se dotar de um sistema de defesa excepcional, não por causa de sua situação política, mas sim de sua geografia. De fato, devido à constante ameaça dos foguetes Qassam e Grad, dos morteiros disparados regularmente de Gaza, dos foguetes Katioucha do Hezbollah e dos mísseis balísticos Shahab da República Islâmica do Irã, Israel desenvolveu um dos sistemas antimísseis mais avançados que existem: o Domo de Ferro (Kipat Barzel). O sistema usa pequenos mísseis guiados por radar para interceptar foguetes de curto alcance e projéteis de artilharia e de morteiros. Além disso, o escudo antimíssil Hetz (conhecido como Arrow), resultado de um programa iniciado na década de 1980, está agora em sua terceira fase de desenvolvimento. Esse sistema de defesa,

---

* https://en.wikipedia.org/wiki/Stef_Wertheimer
** http://www.iscar.com/
*** http://www.iparks.co.il/eng/park_tefen/Tefen

implantado nas fronteiras, serve de escudo para a população civil, interceptando mísseis balísticos com alcance superior a 250 quilômetros.

David Harari, ex-presidente da IAI (Israel Aerospace Industries) na Europa e vencedor do Prêmio Israel, participou da criação da indústria de drones:

> A Guerra do Yom Kipur se iniciou. O mais marcante foi o desastre dos primeiros dias, em que os caças-bombardeiros israelenses foram abatidos por mísseis Sam 2 e 3. Foi um choque para Israel e um trauma para a Força Aérea. A partir de então, pouco a pouco, surgiu a ideia de uma câmera voadora capaz de sobrevoar as áreas potencialmente perigosas e informar os pilotos. O drone terminou nascendo dessas perguntas permanentes, de deduções lógicas, do diálogo com os operacionais.

Os militares criaram unidades de elite para desenvolver ferramentas tecnológicas internamente. A School for Computer Professions, sua escola interna fundada em 1994, forma aproximadamente 300 especialistas por ano.

As transferências de tecnologia dos militares aos civis vêm acontecendo ininterruptamente há décadas. No entanto, o país não apenas reciclou tecnologias militares; também tem muitos especialistas em biotecnologia e energias alternativas, por exemplo.

Os investidores norte-americanos, alemães ou britânicos raramente se sentem desestimulados pela situação de guerra permanente. Ao contrário, eles entendem que essa situação estimula assumir riscos: as pessoas estão acostumadas a procurar respostas não convencionais para os problemas que estão enfrentando, inclusive no campo econômico.

42 | O VALE DE ISRAEL

Além disso, no contexto das relações frágeis com os países vizinhos, será que a alta tecnologia não poderia servir de trampolim para a reconciliação? Como a *realpolitik,* que prevaleceu durante a guerra fria, o termo *realtech* poderia ser usado. A tecnologia é uma linguagem universal em que todos podem se dar bem. Em Israel, a incubadora da NGT (New Generation Technologies*) é um excelente exemplo: ela reúne parceiros judeus e árabes, tanto pesquisadores quanto investidores (ver Capítulo 7).

Nada nos impede de imaginar que esse exemplo pode se repetir: todas essas startups poderiam um dia fazer trocas entre elas, implementando uma espécie de irrigação mútua. Porque, como diz o economista americano Oliver Williamson, "nosso melhor aliado é o nosso concorrente".

No entanto, a tecnologia desenvolvida em Israel é voltada principalmente para empresas baseadas em países desenvolvidos, onde as empresas israelenses comercializam suas tecnologias por meio de acordos de licenciamento e OEM (Original Equipment Manufacturer), em vez de direcionar diretamente para o consumidor final. Nesse modelo de negócios, Israel é um *player* global que integra e distribui a tecnologia sob sua marca. Portanto, parece difícil comercializar as tecnologias israelenses nos países vizinhos. De fato, sabendo que o PNB *per capita* deles é cerca de 10% do PNB dos habitantes israelenses, parece difícil estabelecer uma relação entre essa produção tecnológica e as indústrias árabes.

No entanto, exceções permanecem: Stef Wertheimer construiu um parque tecnológico na Turquia com a Tefen; a Netafim** opera no Egito e na Indonésia; e a IDE Technologies*** tem atividades de dessalinização no Oriente Médio.

---

* hthttp://www.ngt3vc.com/
** https://en.wikipedia.org/wiki/Netafim
*** https://en.wikipedia.org/wiki/IDE_Technologies

O VALE DE ISRAEL | 43

Sempre valorizada na cultura e na mídia, a inovação tecnológica é considerada um motor indispensável, a chave do futuro industrial do país. Reconhecendo a qualidade da inovação tecnológica israelense, um comunicado de imprensa, que anunciava a aquisição pela Applied Materials de duas empresas israelenses do campo de metrologia e inspeção de equipamentos eletrônicos, afirmou: "Os norte-americanos se abastecem no viveiro de empresas israelenses de alta tecnologia."

O comportamento israelense também se caracteriza pelo desejo de estabelecer uma parceria genuína com fabricantes estrangeiros. Assim, eles se tornaram especialistas no "diálogo tecnológico" com as principais empresas norte-americanas e europeias e são capazes de absorver qualquer *know-how* sem se sentirem minimamente complexados pela síndrome do "não inventado aqui". Os industriais e inovadores do país não têm problemas em integrar o *know-how* estrangeiro ao desenvolvimento de seus produtos, geralmente recorrendo à engenharia reversa (desmontagem de produtos concorrentes para entendê--los e melhorá-los).

Segundo eles, esse modo de colaboração com possíveis concorrentes é uma vantagem, e não uma ameaça. A "coopetição" — associação entre cooperação e competição — é uma das chaves para o desenvolvimento de um país que confia em suas capacidades.

Outro aspecto dessa filosofia israelense de inovação é usar a vigilância tecnológica e a inteligência econômica como ferramentas de gerenciamento. Como o setor é muito competitivo, e para evitar ser ultrapassado pelos concorrentes, os israelenses analisam constantemente as estratégias operacionais dos participantes do mercado. A vigilância tecnológica é fundamental, e as autoridades não negligenciam nenhum esforço para coletar informações de qualquer espécie e permitir a transferência de tecnologia o mais rápido possível.

Segundo John Sculley, ex-CEO da Apple, "as transferências de tecnologia levam até sete anos nos Estados Unidos, por isso há risco de obsolescência". Em Israel, a transferência costuma ser muito rápida: um ano, e às vezes até alguns meses.

Yair Shamir, ex-ministro da Agricultura, sócio-gerente da Catalyst de 1999 a 2013, ex-presidente da Israel Aerospace Industries (IAI)*, da El-Al** e ex-chefe de tecnologia da Força Aérea, esclarece todo esse contexto na entrevista a seguir.

O MODELO ISRAELENSE DE INOVAÇÃO

Por Yair Shamir

O Vale de Israel: Quais são as particularidades do modelo israelense de inovação, e como esse modelo pode interessar outras nações?

Yair Shamir: Acho necessário definir primeiramente o que é Israel. Alguns dirão que é uma nação de startups. Do meu ponto de vista, creio que é um paraíso para as crianças. As crianças sempre querem saber onde estão seus limites. Elas testam seus pais, parentes e professores. Em Israel, nenhum limite é claramente estabelecido. As crianças vivem em um ambiente onde são perfeitamente livres para agir e pensar, e ninguém as incomoda. O espírito de competição entre as crianças também nasce dessa realidade. Podem-se estimular dois irmãos da mesma família para se superarem, para repelir

---

* http://www.iai.co.il/2013/22031-en/homepage.aspx
** https://pt.wikipedia.org/wiki/El_Al

a autoridade e inovar. Na Europa ou nos Estados Unidos, não encontramos essa flexibilidade. Em Israel, uma recepcionista pode, de repente, assumir responsabilidades muito maiores em uma mesma empresa. Relações hierárquicas não proíbem a tomada de iniciativa. Todos podem trazer suas ideias, mesmo quando ainda não estão maduras. Acho que essa é uma das grandes características do modelo israelense.

Também deve ser ressaltado que falhas não são, de forma alguma, inaceitáveis. Se uma startup fracassar no mercado, seu fundador nunca será punido ou percebido negativamente. Os israelenses assimilaram perfeitamente esse elemento, e é por isso que assumem riscos e não temem por sua imagem. Não há preconceito. Também encontramos essa elasticidade nos relacionamentos do exército, onde os soldados são livres para interagir com seu comandante e sugerir o que eles acham melhor para o funcionamento da unidade. O exército não foi criado para promover flexibilidade, mas acho que a sociedade israelense é profundamente aberta e tem sido capaz de valorizar a inovação por meio da livre iniciativa. Em Israel, quanto mais a pessoa adota esse estado de espírito, mais é respeitada.

O Vale de Israel: Os israelenses são mais curiosos do que os demais?

Yair Shamir: Minha esposa e eu viajamos para muitos destinos incomuns, como Antártica e Zimbábue. Por onde passamos, sempre encontramos muitos israelenses, mas também franceses, alemães e australianos. Eles são pessoas muito curiosas por natureza, sempre à procura de culturas incomuns. Pessoalmente, sempre estimulo minha família a se interessar por outros campos, a iniciar novos estudos ou a mudar de emprego e universo. Como líder de negócios, vejo que muitos israelenses estão deixando seus empregos depois de alguns anos, não por causa de demissões, mas por terem novas ambições constantemente. Em qualquer país europeu, esse comportamento seria traduzido como falta de estabilidade profissional. Em Israel, não é o caso. Um novo funcionário não hesita em procurar seu chefe para comunicar que algumas coisas o desagradam. O *chutzpah* (uma mistura de audácia com atrevimento, impertinência) é uma característica da cultura israelense.

O Vale de Israel: Com base em sua própria experiência, é possível apontar outros elementos culturais que promovem esse espírito de inovação israelense?

Yair Shamir: Em Israel, muitas vezes ouvimos esta reflexão: "Se você quer que um trabalho seja bem-feito, passe-o para alguém que esteja ocupado." Para obter o melhor desempenho de uma pessoa, você sempre tem que exercer mais pressão sobre ela. Um empregado só consegue se superar quando é pressionado contra a parede. Como ex-CEO, posso atestar isso com facilidade. A pressão traz resultados positivos, especialmente quando uma empresa está com problemas. Na vida cotidiana, o desafio de um israelense não é garantir sua sobrevivência, mas ser cada vez mais competitivo.

O Vale de Israel: Você está descrevendo um espírito militar...

Yair Shamir: Em uma empresa israelense, como em uma startup, você encontra ex-pilotos, oficiais ou membros de unidades de elite das forças de defesa. Essas pessoas estão acostumadas a suportar uma pressão muito forte. A experiência militar delas se reflete no trabalho. Não é uma habilidade particular, mas sim uma aptidão. Forçar um funcionário a dar o seu melhor só pode beneficiar uma equipe.

O Vale de Israel: Também não é necessário considerar o peso do Holocausto na sociedade israelense?

Yair Shamir: Israel é um milagre. Os fundadores deste país sabiam que teriam que se superar para esperar continuar vivendo. Estamos agora implantados em uma região instável onde nada é permanente. Devemos sempre lutar por nossa existência e legitimidade, esse é um fator básico para entender nossa cultura. O espírito de sobrevivência está inculcado em nosso inconsciente coletivo e reaparece em cada uma de nossas ações, começando pelo trabalho. Os israelenses se encostam constantemente no Muro*. Não temos outro lugar onde possamos nos refugiar. Esse medo existencial, ligado tanto ao nosso presente quanto ao nosso futuro, pressiona todos nós. Como resultado, desenvolvemos uma capacidade de agir imediatamente, de reagir e nunca esperar. É isso que nosso ambiente tem de único.

O Vale de Israel: Qual o papel da alta tecnologia no cenário israelense que você está descrevendo?

Yair Shamir: A alta tecnologia começou a se desenvolver em Israel apenas a partir dos anos 1980. Mas acredito que a criação e a exportação de novas tecnologias permitiram ao Estado ganhar legitimidade no mundo. Temos conseguido estabelecer fortes relações econômicas com muitos países sem misturar política; isso é muito perceptível atualmente com a Rússia e a China. A alta tecnologia, por apresentar um *know-how*, favorece uma abordagem muito mais humana às relações comerciais.

---

* Kotel (Western Walls) é o Muro das Lamentações, lugar sagrado onde os judeus constantemente fazem suas orações. (*N. da T.*)

O Vale de Israel: E essa receita é infalível?

Yair Shamir: A resposta é não. Nos anos 1960 e 1970, na época da independência africana, muitos israelenses decidiram conquistar o continente negro. Em particular, propuseram exportar suas tecnologias agrícolas. Mas o modelo falhou. Depois da partida dos israelenses, os países africanos não preservaram nem reproduziram o que aprenderam, como trabalhar a terra nas primeiras horas do dia e cuidar do gado. Os africanos não fizeram isso, e as fazendas gradualmente desapareceram. Às vezes, surgem obstáculos socioculturais à boa vontade dos homens. Não temos esse tipo de problema com os asiáticos ou mesmo com os palestinos.

O Vale de Israel: Existe alguém que mudou seu destino?

Yair Shamir: Eu cresci com um pai que é difícil de ser substituído (Yitzhak Shamir, primeiro-ministro de Israel, de 1986 a 1992). Ele certamente me incentivou a ser o que me tornei. Por confiar em mim muito rapidamente, ele me colocou na direção certa. Eu tinha 13 anos quando ele me mandou cuidar da minha mãe e da minha irmã. Ele passava muito tempo longe de casa. Meu pai também me deu forças para empreender, para sempre tentar e nunca desistir. Aos 15 anos, eu já sabia o que ambicionava na vida.

2. Modelos de *clusters* de inovação no mundo: o caso de Israel

O fenômeno de *clustering* (agrupamento de empresas) tem sido observado nos últimos anos em várias partes do mundo, especialmente em Israel. Alfred Marshall (1842-1924), um dos maiores economistas de sua época, foi o pioneiro a discutir o desenvolvimento industrial a partir das aglomerações de empresas no final do século XIX. Na época, porém, o conceito dominante era o das grandes economias de escala, protagonizadas pelas grandes corporações. Por volta de 1980, observadores perceberam um setor de pequenas e médias empresas que surgiam sem nenhum apoio público, à sombra dos grandes distritos industriais italianos. Surgia o fenômeno empresarial denominado pelos pesquisadores de Terceira Itália, composto de aglomerações de pequenas e médias empresas muito dinâmicas, com especialização flexível e intensa interação entre elas, apresentando índices surpreendentes de crescimento econômico (Meyer-Stammer e Harmes-Liedtke, 2005; Pagani e Resende, 2007).

50 | O VALE DE ISRAEL

Em 1990, Michael Porter, um dos principais estudiosos em Administração e Economia e professor da Harvard Business School, publica *A vantagem competitiva das nações*, em que enfatizava a importância dos *clusters* para a competitividade industrial, tornando-se o marco de intensos trabalhos sobre aglomerações produtivas (Pagani e Resende, 2007). Essas aglomerações de empresas, verdadeiras massas críticas de sucesso competitivo em áreas específicas, recebem diversas denominações, variando de acordo com seu nível de maturidade e vocação empreendedora (Pagani e Resende, 2007). As vocações dos *clusters* podem ser as mais diversas, desde produtos industrializados com baixo potencial tecnológico à inovação, como a nanotecnologia. Os mais estudados pela literatura são aqueles de elevado potencial de inovação tecnológica, como é o caso do Vale do Silício, em São Francisco.

Segundo Porter (2001), a competição entre as empresas e a cooperação vertical são as principais formas de aumentar a competitividade de uma nação ou de *cluster*. Assim, a clusterização de empresas representa um importante fenômeno econômico para uma nação. A abordagem da economia por aglomeração espacial (Schmitz, 1997; 1998; Krugman, 1991; 1998a, 1998b; Breschi e Malerba, 2001) tem como foco o desenvolvimento tecnológico e a formação de sistemas de inovação decorrentes da interação das empresas e outras organizações.

Os primeiros distritos oficiais de inovação foram em Barcelona, na Espanha, e em Boston, Massachusetts, com o Seaport Innovation District. Após essas duas iniciativas, prefeitos de todo o mundo replicaram variações desse modelo em suas próprias cidades. Atualmente, existem mais de oitenta distritos oficiais de inovação em todo o mundo.

OS DIFERENTES TIPOS DE *CLUSTERS*

A literatura é bastante abundante quando se trata de *clusters* de empresas. Existem cerca de 700 que são considerados "vales tecnológicos" no mundo. O Vale do Silício, de São Francisco, é o mais citado na literatura. Mas outros tantos como o de Londres (Keeble e Nachum, 2002; Nachum e Keeble, 2003), Dublin (Wicham e Vecchi, 2008; Cooke, 2002), Berlim (Heebels e Van Aalst, 2010), Cambridge (Cooke e Huggins, 2004), Taipei (Curzio e Fortis, 2012), Bangalore (Basant, 2008), entre outras cidades dos Estados Unidos são os principais *clusters*. Em Israel esse fenômeno também tem chamado atenção, e a literatura traz inúmeros estudos sobre eles (De Fontanay, 2004; Engel e Del-Palacio, 2011).

Mas existem grandes diferenças entre os diversos tipos de *cluster*. Existem, por exemplo, os *baby clusters*, como o Vale do Atlas, proposto pelo rei do Marrocos e apoiado por empresas líderes (Ahmad et al. 2013).

Outra categoria é o chamado *"cluster* Babel", no qual todos falam sua própria língua. É o caso de Sophia Antipolis, uma variação do Vale do Silício que funciona muito bem, mas com dificuldades reais entre a universidade e a empresa (Ter Wal, 2013). O *"cluster* ilha" se refere a um Vale do Silício isolado, como é o caso de Israel, Singapura ou Taiwan.

O Vale do Silício de São Francisco é um *"cluster* ímã", pois atrai investimentos estrangeiros. Apesar de uma crise muito séria em 2000, ele se recuperou em uma nova curva tecnológica e inovou. Ainda é o modelo mais citado, aquele com o maior número de unicórnios*.

Existe ainda o *"cluster* de rede", como Bangalore, na Índia (Basant, 2008), em contato permanente com São Francisco.

---

* Startup avaliada em mais de US$ 1 bilhão. (*N. da T.*)

Como se cria um *cluster* ou um "Vale de Inovação"

Observando-se a literatura, verifica-se que não há modelo real, mas sim várias práticas que diferem de acordo com a cultura do país, da vocação empreendedora da região e do tipo de produto comum a ser desenvolvido na aglomeração. Os *clusters* que surgem naturalmente sofrem um desenvolvimento e amadurecimento diferenciado, mais consistente. Um "Vale do Silício" é conhecido pela espontaneidade, por ser um "solo fértil" onde pequenas empresas, assim como cogumelos, nascem e podem desaparecer.

Todavia, não há uma resposta única, já que, ao fomentar os *clusters*, Israel obteve também tanto sucesso quanto as aglomerações que surgiram naturalmente. É também possível criar um *cluster* do zero (Feldman e Braunerhjelm, 2006), reunindo vários ingredientes essenciais para o seu sucesso.

São necessários pelo menos um ou dois líderes, com pequenas abelhas ao redor, e quinze ou vinte empresas para criar um efeito cascata. Por exemplo, em torno do cartão inteligente, a partir do Instituto Weizmann e de uma equipe de líderes, foram criadas pequenas empresas, como a Athena Smartcard Solutions, a Aurora Technologies ou a Beepcard. Nós reconhecemos um "Vale do Silício" por sua espontaneidade, pelo efeito de terra fértil onde pequenas empresas nascem rapidamente, podendo também desaparecer. Não há uma resposta única.

O primeiro e mais importante aspecto na formação de um *cluster* é a presença de universidades de elevado nível tecnológico, bem como de empresas líderes e grandes grupos industriais em desenvolvimento, como a STMicroelectronics e a Hewlett-Packard, em Grenoble. Eles devem ser acompanhados de uma indústria de capital de risco, um importante ingrediente associado ao empreendedorismo, e que representa o elemento

MODELOS DE *CLUSTERS* DE INOVAÇÃO NO MUNDO | 53

soft de um "Vale do Silício". Percebemos que a capacidade de assumir riscos e a maneira de agir são fundamentais. Criar um *cluster* também requer o suporte governamental ativo. Por fim, são necessários um certo estado de espírito, o domínio da inteligência competitiva e do trabalho em rede, bem como uma maneira eficaz de coletar informações por meio do networking.

O princípio básico é um centro de excelência e treinamento, uma localização estratégica, onde várias pequenas empresas giram em torno de uma (ou mais) importante empresa, de preferência uma que seja inovadora.

Em um *cluster*, geralmente as pessoas são próximas, mantendo relações profissionais e sociais. A proximidade dos atores é um fator importante, pois promove a troca de ideias e conhecimentos; permite acesso rápido a fornecedores, clientes e informações especializadas. Apesar das facilidades oferecidas pela internet e suas videoconferências, os "Vales do Silício" virtuais fracassam. É a proximidade que cria um efeito de troca, fertilização e polinização; é a magia em torno do Vale do Silício. Trabalha-se em rede, mas em cima de um tecido humano concreto. Não é o grão de pólen que circula de estame em estame, mas sim a informação, a futura ideia inovadora.

Para criar um efeito de massa, é preciso haver várias empresas, se possível complementares, que sejam importantes o suficiente e também encontrar um local apropriado. Existe o capital intelectual das nações, das empresas, das regiões. Como criar esse capital intelectual? Onde criar esse valor de troca que pode ser realmente quantificado?

Vejamos o caso de Israel. Os *clusters* de tecnologia e inovação foram essenciais para o crescimento econômico meteórico dessa jovem nação. A particularidade dos *clusters* israelenses é agrupar sete elementos que, juntos, garantem seu sucesso (Figura 12 do caderno de imagens):

1. Educação de base fortalecida e universidades de alto nível;
2. Apoio governamental;
3. Indústria militar;
4. Setor tecnológico expandindo em nível global;
5. Capital de risco e acesso ao mercado financeiro global;
6. Espírito empreendedor;
7. Ambiente atraente para investimentos.

Na Rússia, por exemplo, encontramos universidades de ponta, apoio governamental, um setor de tecnologia em expansão e uma indústria de defesa significativa. O que diferencia Israel é a existência de um capital de risco de sucesso que permite acesso a mercados financeiros internacionais, e um espírito empreendedor. Finalmente, o modo de governança na Rússia é caracterizado por certa opacidade, enquanto as políticas públicas de Israel se apresentam de forma mais transparente.

Fatores essenciais para o sucesso de um *cluster*

Em primeiro lugar, é preciso haver um líder, uma figura emblemática, um "louco entusiasmado" — político, acadêmico, empreendedor — impulsionado pelo desejo de construir e que tenha energia e uma capacidade visionária contagiante. Stef Wertheimer, empreendedor e industrial israelense, um dos homens mais populares do país, é a encarnação viva disso. Até o momento, ele criou quatro parques industriais, incluindo o Tefen Park*, construído ao norte do país em 1982, e que gera mais de US$ 1 bilhão de lucro a cada ano. Igualmente necessária é a empresa líder, se possível cercada de startups.

---

* http://www.iparks.co.il/eng/park_tefen/Tefen

Em um *cluster*, as pequenas empresas fazem parte de um ambiente muito benéfico, pertencente a um campo de especialização. No setor de biotecnologia, por exemplo, em torno da farmacêutica Teva, especializada em medicamentos genéricos, há muitas pequenas empresas.

O que garante o sucesso de um *cluster* é a fertilização cruzada entre seus vários membros e a noção de cooperação/competição, resultando em uma postura comportamental do tipo: "Eu participo da mesma aventura, mas sei que tenho meu domínio separado e que sou um concorrente."

Um estado de espírito particular favorece igualmente o sucesso de um *cluster*: a aceitação da alteridade e de inovações vindas de fora, e também uma cultura da diáspora, tanto geograficamente como socialmente, com colaboradores de todos os meios socioculturais e culturas.

A prática de networking não é uma simples troca de cartões de visita. A qualidade do intercâmbio nos polos de competência é fundamental. A gestão de redes é crucial para a transmissão do conhecimento e da informação. Ela se fundamenta em noções de confiança e reciprocidade, na capacidade de conhecer os outros. Mudar de negócios, região, país, manter suas primeiras redes, cultivá-las, transmiti-las, são todas questões vitais no conceito de networking na perspectiva israelense.

A transferência de conhecimento é outro fator essencial para o sucesso de um *cluster*: ela se caracteriza pela fluidez das trocas entre os vários parceiros, associada a um investimento real em educação. O conceito de assunção de riscos, que está na origem do surgimento de um *cluster*, é fundamental para o seu desenvolvimento. Por fim, criar uma marca, uma imagem forte e positiva, é decisivo.

O Vale do Silício dos Estados Unidos começou graças às Universidades Berkeley e Stanford e aos seus professores, que

56 | O VALE DE ISRAEL

criaram verdadeiros centros de pesquisa e deram origem a muitas empresas. O vale norte-americano poderia ter desaparecido nos anos 2000 durante o colapso da bolha da internet*, pois o mundo virtual se concentrava ali. No entanto, aconteceu o contrário: as pessoas se reuniram e se perguntaram o que poderiam fazer juntas. Eles investiram no setor de robótica e em outros setores que não existiam antes. O exemplo do Vale do Silício dos Estados Unidos mostra que grandes vales são perenes e que novos ciclos de vida emergem em tempos de crise, desde que a troca e a inovação sejam encorajadas.

No papel, uma infinidade de belos vales pode ser criada. Mas, na prática, precisamos construir infraestrutura, além de organizar o transporte e desenvolvê-lo, para que o vale se torne um lugar atraente, em que as pessoas não se sintam marginalizadas a ponto de querer apenas uma coisa: sair de lá.

Os belos "Vales do Silício" são lugares de troca, de movimento, de novos Eldorados que atraem talentos e sonhos e fazem com que você queira ficar lá.

Um sentimento quase mágico deve vibrar no coração do *cluster*, e ele só pode existir se os jovens tiverem a oportunidade de se expressar, um espaço mental necessário para a criatividade. Sophia Antipolis, na Provença, é linda, mas está longe de ser um exemplo, pois a taxa de insatisfação dos que trabalham lá é muito alta: eles se consideram escravos tecnológicos. Um vale também deve ser um lugar de prazer e satisfação. Tel Aviv é uma das dez melhores cidades de praia do mundo há bastante tempo, e a revista *National Geographic* a chamou de a "Miami" do Mediterrâneo. Em outras palavras, o local deve atrair novatos e ter condições de fazer com que os que ali trabalham não queiram se mudar.

---

* https://www.investopedia.com/terms/d/dotcom-bubble.asp

MODELOS DE *CLUSTERS* DE INOVAÇÃO NO MUNDO | 57

Dois institutos israelenses foram classificados pela revista americana *The Scientist** entre os dez melhores locais de trabalho acadêmico do mundo. Os critérios são muitos e variados: qualidade da infraestrutura, condições de vida nas cidades que abrigam centros de pesquisa... Estamos falando do Instituto Weizmann, em Rehovot, e da Universidade Hebraica de Jerusalém. O Instituto Weizmann, aliás, já está acostumado a essas distinções, pois também foi o vencedor desse estudo duas vezes no passado.

No *cluster*, deve haver uma verdadeira porosidade, comunicação acessível entre as diferentes interfaces, e os indivíduos devem poder entrar em contato uns com os outros com facilidade. Em Israel, os cientistas do instituto Weizmann só precisam atravessar a rua para chegar a um centro de biotecnologia fundado há alguns anos com apenas quatro ou cinco prédios. O sucesso desse centro se deve ao intercâmbio constante entre o parque industrial e os pesquisadores do Instituto, que gostam de ir até lá.

No Japão, por exemplo, nasceu um projeto de vale que terminou com um simples parque empresarial, um parque tecnológico. Era esteticamente bonito, mas as pessoas não se comunicavam umas com as outras. No MIT, por exemplo, estudantes, professores e pessoas criativas gostam de ficar no *campus* e nas bibliotecas, mas, sobretudo, eles se comunicam. Os bons especialistas podem até criar excelentes casos de estudo, mas não entendem que inovação e empreendedorismo não são uma "fórmula".

Na França, infelizmente, um pesquisador que decide entrar no setor industrial é muito mal percebido por seus colegas. Em Israel, como em Singapura ou na China, as pessoas entendem

---

* http://www.the-scientist.com/

que as trocas entre pura pesquisa e indústria podem enriquecer ambos os lados. Em Israel, há estudiosos que se tornaram ricos, e não há complexo algum a esse respeito.

O professor Michel Revel, prêmio Israel de Medicina, enriqueceu com seu trabalho de pesquisa: ele registrou uma patente no Instituto Weizmann para o tratamento da esclerose múltipla, e sua empresa Serono vende o Rebif, conhecido mundialmente como Interferon. Também membro da Comissão Internacional de Bioética da Unesco, ele nos mostra seu ponto de vista sobre a ligação entre o mundo acadêmico e a indústria.

A relação universidade-indústria

Por Michel Revel

As universidades israelenses trabalham em estreita colaboração com a indústria e facilitam o desenvolvimento de centros de pesquisa especializados. O impacto do mundo acadêmico na vida israelense é muito forte. O público israelense reconhece o papel da universidade e do mundo acadêmico na sobrevivência do Estado de Israel. Desde a criação de Israel, houve um reconhecimento precoce da importância da ciência. Na realidade, as universidades surgiram antes de o país existir.

A ligação entre universidade e indústria é muito próxima e permite alguma flexibilidade. Um professor do Instituto Weizmann pode trabalhar em uma empresa um dia por semana. É uma grande liberdade poder trabalhar para a indústria e dedicar uma quantidade razoável de tempo para trabalhar em suas próprias atividades.

A vantagem adicional é a relação especial entre o mundo acadêmico e o Estado. Este último estabeleceu os parques industriais em torno das universidades, possibilitando e facilitando transferências entre universidade e indústria.

MODELOS DE *CLUSTERS* DE INOVAÇÃO NO MUNDO | 59

No campo da biotecnologia, por exemplo, foram criados centros nacionais dedicados à genômica, proteômica, animais transgênicos, plantas transgênicas ou bioinformática. Todos esses centros foram criados com a ajuda do governo israelense. Eles servem tanto à academia quanto à indústria. A indústria paga por esse serviço, e os centros nacionais disponibilizam essas tecnologias para a comunidade científica.

A estreita interação entre as universidades israelenses e o mundo industrial é uma das principais características do modelo israelense.

Não basta decretar que nos concentraremos na inovação; devemos também permitir que os jovens possam escolher onde investir e inovar. Em 23 de janeiro de 2012, a Associação Gvahim, que forma jovens talentos das melhores universidades e faculdades do mundo, inaugurou uma incubadora, a The Hive ("A Colmeia")*, em Tel Aviv. Em um prédio chamado Maze 9, a associação facilita o lançamento de startups por jovens imigrantes e já abriga oito novas empresas. Desde então, a The Hive estabeleceu três novas incubadoras nas cidades de Jerusalém, Ashdod e Netanya, permitindo que novos empreendedores se mudem para novas cidades.

O serviço militar também desempenha um grande papel no recrutamento de jovens. Graças ao exército, eles adquirem uma experiência profissional significativa e assumem responsabilidades pesadas desde a mais tenra idade (ver Capítulo 4). Mas isso não é o suficiente para apoiar uma ação nacional, pois os líderes que defendem a inovação nem sempre agem em favor dela. Se o prêmio de "Melhor Empreendedor" é entregue anualmente a pessoas de idade relativamente avançada, não há espaço para jovens inovadores que tentam a

---

* http://thehivebygvahim.org/

60 | O VALE DE ISRAEL

sorte em um mercado. Devemos, portanto, nos esforçar para reduzir a enorme diferença entre o discurso e a realidade em relação aos jovens, favorecendo o adolescente empreendedor.

Durante vários anos, a Unistream* desembolsou vultosas quantias tanto em centros árabes quanto inter-religiosos, visando a reduzir o abismo que separa os jovens das periferias dos outros, mas essa ação foi interrompida.

A abertura e a curiosidade intelectual também são fatores essenciais para o sucesso de um *cluster*: alguns membros demonstram, por seu modo de ser, que sua porta está sempre aberta, que estão prontos para apresentar-se e agitar seus hábitos. Para todos, é natural manter um máximo de trocas com o exterior e entre *clusters*: são esses novos talentos que garantirão o futuro.

SUSTENTABILIDADE E CULTURA CORPORATIVA

Clusters bem-sucedidos estão sujeitos a ciclos de vida que lhes asseguram continuidade ao longo do tempo. Uma das características deste aspecto é a atenção dada à cultura das empresas, ao seu *background* em termos de conhecimento e *know-how*. Na Suíça, por exemplo, o grupo Rolex tem cerca de 7 mil pessoas de *know-how* insubstituível, é impossível realocá-las. É um terreno cultural antigo, mas pode ser destruído ou desestabilizado da noite para o dia por uma operação de *dumping* de Hong Kong. O *cluster* é um centro de especialização e habilidades que deve evoluir e ser protegido, e nele o vínculo social é absolutamente fundamental. O tempo é apenas um dos ingredientes, não o principal.

---

* https://en.wikipedia.org/wiki/Unistream

MODELOS DE *CLUSTERS* DE INOVAÇÃO NO MUNDO | 61

Grenoble, que já citamos, tem estado no mesmo domínio há anos, mas tem universidades de alto nível, misturando, assim, uma cultura industrial local e uma abertura internacional. Neste caso, esse terreno fértil não pode ser criado artificialmente.

Em Tóquio há um *cluster* chamado Cambridge, onde a qualidade relacional e o gerenciamento de redes pessoais são uma forma de governança. Não é uma estrutura com equipe permanente, mas sim um lugar de troca, convivência e empreendedorismo.

Como se pode observar, Israel possui os ingredientes necessários para a criação de um *cluster*, muitos dos quais ali puderam ser fomentados em vez de terem surgido de forma espontânea. Todavia, os ingredientes necessários à formação de *clusters* são inerentes à sociedade israelense, cujos cidadãos, em sua maioria, oriundos de localizações geográficas e culturas distintas, foram unidos por um mesmo sentimento, o de juntos alcançarem o sucesso enquanto povo e enquanto nação. Talvez por isso o Vale de Israel tenha tido tanto sucesso quanto os demais *clusters* que se formam de maneira totalmente espontânea.

A Figura 13 do caderno de imagens sintetiza todos os aspectos fundamentais do espírito empreendedor de Israel.

3. O capital humano como escudo

> É uma ilusão acreditar que o desenvolvimento de um núcleo de economia avançada permita abranger gradualmente toda a economia de um país subdesenvolvido. A realidade é que isso apenas reforça o "dualismo econômico". A experiência mostra que os países conseguiram emergir de uma destruição quase total e reconstruir rapidamente uma economia próspera, e que o que caracteriza esses sucessos não é a importação de tecnologias, mas o nível de educação, organização e disciplina de toda a população. *Ernst Friedrich Schumacher.*

Como explicar que, em um contexto geopolítico complexo, os investidores estrangeiros ainda persistem em confiar na economia israelense? Um elemento da resposta, frequentemente citado por Shimon Peres, está relacionado aos próprios israelenses. Os estrangeiros não investem no país por seus recursos naturais, mas por causa de seus recursos humanos, muito mais ricos. Os traços de caráter dos israelenses são moldados pelos conflitos e pelas crises que marcam a vida do país.

64 | O VALE DE ISRAEL

A capacidade de resiliência e reação em tempos de crise, a capacidade de resposta aos desafios e o espírito pioneiro necessário em um país em construção fazem parte das habilidades apreciadas pelos chefes das multinacionais que compram empresas israelenses. Henning Kagermann, ex-CEO da SAP, testemunha: "Além de uma empresa, compramos uma equipe, um estado de espírito que existe em Israel, que é essencial para a influência da nossa sociedade no mundo." Quem estava à frente da empresa israelense comprada pela SAP era Shai Agassi, fundador da Better Place.

IMIGRAÇÃO E DIVERSIDADE CULTURAL

No final do século XIX, a comunidade judaica de Israel era pequena e composta principalmente de ortodoxos, divididos nas cidades sagradas de Jerusalém, Tiberíades, Safed e Hebrom. Por um século inteiro, a história do país foi marcada por ondas migratórias oriundas de todas as partes do mundo, cada uma trazendo consigo sua diversidade e sua riqueza cultural.

Uma das organizações mais estruturadas daquela época era a dos "Amantes de Sião". Criada na Rússia na década de 1880 por Moshe Lev Lilienblum, um intelectual judeu de Odessa, a organização rapidamente se mudou para a Palestina. Os Amantes de Sião abraçaram a ideologia sionista defendida por Herzl, pois suas esperanças de integração na Rússia tinham esvaecido após os vários *pogroms* que ocorreram naqueles anos, após um forte renascimento do antissemitismo.

A organização englobou as pequenas estruturas que compartilhavam esse desejo de retornar à Palestina e se concentrou principalmente em ajudar os imigrantes, sem apoiar a vocação política do sionismo, temendo que as autoridades

O CAPITAL HUMANO COMO ESCUDO | 65

russas a acusassem de dissidência. Ademais, ela estabeleceu um sistema de captação de recursos para a construção de estruturas organizacionais na Palestina. O Bilou, uma organização radical integrada pelos Amantes de Sion, ajudou a fundar Petah Tikva, Rosh Pina e Zikhron Ya'akov, que são três grandes cidades atualmente.

Diante do grande influxo de imigrantes, os judeus que já viviam no local (no *Yishuv*, ou assentamento) rapidamente prepararam as instalações para a recepção dos imigrantes. A população judaica cresceu de menos de 100 mil no final do século XIX para 500 mil às vésperas da Segunda Guerra Mundial, graças a imigrantes principalmente da Rússia, da Polônia e do Iêmen. Seguindo ideais sionistas ou religiosos, os Amantes de Sião ou imigrantes da Declaração de Balfour, fugindo de *pogroms* e perseguições ou sobreviventes do Holocausto, vieram em grande número para Israel. Os judeus chegaram dos países orientais (Rússia, Polônia, Hungria, Romênia etc.) e da Europa Ocidental (Alemanha, França etc.). Então, após a Segunda Guerra Mundial e os movimentos de descolonização, eles também vieram do Magreb, do Mashrek (Oriente Árabe), da África Negra, da Índia e até mesmo da Ásia.

Além dos *sabras**, cujos ancestrais nunca deixaram o país, Israel é um país de imigrantes: os *olim*. Nesse "cadinho"**, os judeus israelenses representam boa parte das 130 nacionalidades presentes em Israel.

Nesta paisagem heterogênea, a imigração russa, após o colapso da URSS, ocupa um lugar especial. Altamente

---

* O sabra é uma fruta que cresce nos cactus dos territórios de Israel e da Palestina, bem como em outras regiões do mundo. É dura e espinhosa em seu exterior. Por dentro, contudo, é macia, e tem sabor bem doce. (*N. da T.*).

** Caldeirão ou cadinho, utensílio onde se fundem vários metais. Usa-se essa expressão para ilustrar como os judeus oriundos de diversas nacionalidades e culturas se "fundiram" no cadinho que se tornou Israel. (*N. da T.*)

qualificados quando chegaram a Israel, os imigrantes russos responderam à demanda premente por engenheiros, resultado do desenvolvimento da indústria de alta tecnologia nos anos 1990. Esse milhão de migrantes, longe de desacelerar a economia do país, tem sido um importante impulsionador de sua expansão, particularmente por causa de uma alta proporção de cientistas. A própria estrutura da economia israelense provou ser um terreno ideal para eles.

Com a longa história do povo judeu, suas peregrinações pelo mundo e as riquezas que ele absorveu, e a diversidade cultural de Israel, esse cadinho que se expressa em todos os níveis (das tradições culinárias às expressões artísticas), reteve dessa experiência um modo de ser curioso e ativo que não atrapalha a maioria dos protocolos sociais e que impregna o universo empreendedor. David Harari, ex-presidente do IAI na Europa, relata suas primeiras impressões de um novo imigrante (ver entrevista, Capítulo 4):

> Eu não diria que foi um choque, mas sim uma ruptura cultural marcante. Uma anedota para ilustrar o contexto: nos primeiros dias, fui trabalhar de terno e gravata; isso foi em setembro de 1970. Rapidamente me explicaram que aqui esse tipo de traje era usado apenas de vez em quando, em casamentos, mas nem mesmo nesses casos era obrigatório... Outro momento de espanto foi a recusa do secretário do nosso departamento em executar o que eu, enquanto seu chefe, lhe pedi para fazer. Na França, isso é inconcebível. A palavra-chave então foi adaptação, mudar de uma forma de cultura para outra, valorizando seu *know-how*, suas qualidades. Levei aproximadamente um ano para me integrar à empresa, para que apreciassem minha concepção de trabalho, minhas qualidades e o máximo que eu podia contribuir.

De aparência ocidental, o país está imbuído de um forte caráter do Oriente Médio. A cultura da transparência é onipresente, não importa se os interesses de um presidente ou primeiro-ministro correm algum risco. Esse comportamento, no entanto, está longe de ser uma indelicadeza; é mais um desejo de transparência e eficácia.

Os israelenses também demonstram uma grande resiliência que, associada a uma obsessão pelo resultado imediato, certamente se encontra na raiz dessa próspera estrutura das startups. De fato, a capacidade de reação e adaptação dos israelenses após a evolução do ambiente externo é extraordinária. Quando o mercado do turismo despencou, no início dos anos 2000, aqueles que dependiam desse setor conseguiram rapidamente reorientar sua carreira e criar novas oportunidades. Por meio do marketing, segmentando o público-alvo e desenvolvendo uma oferta variada em termos de destinos, modos de hospedagem e lazer, e levando em conta a preocupação dos turistas com a natureza e sua preservação, o Ministério do Turismo de Israel conseguiu atrair 2,7 milhões de visitantes em 2009, 3,53 milhões em 2013, e 3,1 milhões em 2016. Foi uma reviravolta notável para os que dependiam desse setor.

Assim, a dupla herança de Israel, ocidental e oriental, permitiu o surgimento de traços culturais, formas de pensamento e organização coletiva, que hoje se encontram enraizados no inconsciente coletivo da nação, assim como outros elementos conducentes ao sucesso da economia do país.

O respeito pela hierarquia também é bastante moderado. Isso é explicado pela educação liberal recebida na escola e pelo papel integrador exercido pelo exército. Em função da ausência de uma barreira social, o oficial pode ser facilmente substituído por um simples soldado no combate.

68 | O VALE DE ISRAEL

Por outro lado, os israelenses estão respondendo ao sentimento de isolamento neste minúsculo território nacional, revertendo tendências e adotando uma mentalidade *globetrotter** tanto na vida privada quanto na profissional. Assim, após o serviço militar, milhares de jovens israelenses viajam por vários meses em busca de fuga — de trinta mil a quarenta mil a cada ano. Antes, viajavam pela Europa e pela América do Norte; atualmente, viajam principalmente pela América do Sul, pela Índia e pelo Sudeste Asiático. Esse rito de passagem também explica as razões que levam os empresários israelenses a exportar com frequência, ou pelo menos pensar sempre globalmente.

Para essa população que vive no país, devemos acrescentar a diáspora**, cujo papel é muito importante e que é composta de dois ramos distintos: a diáspora judaica e a diáspora israelense. Ambas contribuem para o sucesso de Israel, mas de maneiras diferentes.

A diáspora israelense é frequentemente realizada por jovens que deixam o país para se juntar às universidades mais famosas ou às empresas mais competitivas. Muitos deles acabam em prestigiadas universidades norte-americanas ou em grupos de alta tecnologia no Vale do Silício. Mas eles nunca esquecem suas origens e em geral contribuem para a influência do Estado judeu, onde quer que estejam. Obviamente, essa fuga de cérebros é um pouco preocupante em curto prazo e é assunto de muito debate. Porém, no longo prazo, muitos deles voltam a Israel e fazem seu país se beneficiar de sua rica experiência adquirida no exterior.

---

* Pessoa que viaja muito pelo mundo todo. (*N. da T.*)

** O termo diáspora define o deslocamento, normalmente forçado ou incentivado, de grandes massas populacionais originárias de uma zona determinada para várias áreas de acolhimento distintas. O termo "diáspora" é usado com muita frequência para fazer referência à dispersão do povo judaico no mundo antigo. (*N. da T.*)

O CAPITAL HUMANO COMO ESCUDO | 69

Quanto à diáspora judaica, embora seus membros tenham origens culturais diferentes, ela mostra um apego especial por Israel. Frequentemente, ela é o sustentáculo mais fiel do Estado e, por vezes, seu único aliado incondicional, representando apoio financeiro, moral e político. Essa dedicação se reflete no lobby político, como o AIPAC (American Israel Public Affairs Committee)*, nos Estados Unidos, ou o CRIF (Conseil Représentatif des Institutions Juives de France)**, na França. Os judeus da diáspora também financiam muitos projetos associativos em Israel e investem em sua economia.

A relação específica entre o Livro e o saber

A importância da educação no Estado judaico decorre não apenas da necessidade de contar com o "capital do conhecimento" de toda a população, mas também com grandes tradições do judaísmo. De fato, a religião judaica lhe dá um lugar de escolha.

O professor Alain Michel, ex-rabino do Yad Vashem e historiador, explica a importância disso: "Quando voltamos o máximo possível na época do judaísmo rabínico, percebemos que a educação é um ponto muito importante. Muitos textos ligam a história do povo judeu à educação. Notamos, portanto, que não havia nem sequer uma criança que não soubesse ler. No Talmude***, há uma diferença entre círculos literários e populares, não em um sentido negativo, mas em seu sentido mais genérico: o povo da terra, os camponeses." O Livro (Torá, o livro sagrado dos judeus) penetrou em todos os círculos

---

* https://www.aipac.org/about/mission
** http://www.crif.org/
*** O Talmude é uma coletânea de livros sagrados dos judeus. É um texto central para o judaísmo rabínico. (*N. da T.*)

devido à sua importância para o judaísmo. Na diáspora, 100% da comunidade sabia ler. A descoberta de antigas cópias da Torá, escritas em letras grandes nas sinagogas, prova isso: para que todos pudessem acompanhar o serviço religioso, os caracteres eram grandes. Outro detalhe de uma sinagoga polonesa fortalece essa ideia: as palavras da oração central, Hamida, foram escritas nas paredes do salão. Em épocas anteriores, os rabinos da Babilônia organizavam grandes sessões de estudo uma ou duas vezes ao ano, e entre quinhentas e mil pessoas iam para lá. Os rabinos organizavam essas sessões na primavera e no outono por uma razão muito simples: naquela época, os agricultores haviam terminado o trabalho de campo e poderiam participar dos estudos. Também há depoimentos afirmando que essas sessões faziam grande sucesso entre as populações agrícolas.

Na Polônia, as primeiras fases de uma revolução cultural permitiram que as mulheres tivessem acesso ao judaísmo. Um livro foi escrito especialmente para elas, e os ultrarreligiosos finalmente aceitaram a criação de escolas para mulheres. Assim, houve uma elevação no nível de ensino das comunidades judaicas da diáspora, muitas vezes tornando-as mais cultas do que as populações anfitriãs.

Um aspecto fundamental da educação de Israel é que os cidadãos podem aperfeiçoar seus conhecimentos a qualquer idade, não havendo nenhum obstáculo a isso. Assim, a Universidade Hebraica de Jerusalém abriu uma modalidade especial em que os alunos são aceitos de acordo com seus bons resultados em testes psicométricos, mesmo que não tenham concluído o ensino médio. Se tiverem bons resultados, eles podem começar o ensino superior, tendo a oportunidade de alcançar o grau de bacharel. Esse tipo de modalidade também existe dentro do exército. É um conceito intrinsecamente ligado à centralidade da educação.

Historicamente, e mesmo antes da criação do Estado, em 1948, os líderes enfatizavam a educação como um valor essencial para o futuro. A educação é um legado precioso, um conceito fundamental na sociedade israelense. Em 1934, o Instituto Tecnológico Technion, a Universidade Hebraica de Jerusalém e o Instituto Weizmann já existiam. Embora tenha havido um desengajamento definitivo da esfera social por parte do Executivo nos últimos anos, o Estado mantém um controle real sobre os programas educacionais. O sistema é impulsionado pelo desejo de desenvolver a capacidade da população.

Os pioneiros do projeto israelense definiram quatro tarefas específicas a serem realizadas: (1) incentivar o estabelecimento sistemático de agricultores, camponeses e artesãos judeus na Palestina, governada pelos turcos (Israel, na época, representava uma pequena parte do Império Otomano); (2) organizar e unificar o povo judeu por meio de organizações em todo o mundo, abertamente e sem infringir a lei; (3) fortalecer a consciência e o sentimento nacional dos judeus; e (4) agir para angariar apoio dos governos.

Nesse contexto, a Alliance Israelite Universelle, criada em 1860 para combater o ódio antijudaico, tornou-se conhecida, sobretudo na área de educação. Ela desenvolveu uma rede escolar destinada a "modernizar" os judeus do Oriente, a fim de permitir sua emancipação.

Marc Eisenberg, atual presidente da Aliança, disse: "Os objetivos da Aliança são ensinar os valores do judaísmo às crianças de maneira aberta, tolerante, generosa e moderna." Também segundo seu presidente, a instituição obedece ao princípio de que "o particularismo é um meio, e o universalismo, um fim".

Após a criação do Estado em 1948, a Aliança abriu escolas populares em Jerusalém, Haifa, Tiberíades e Tel Aviv, bem como uma escola para surdos-mudos. Em 1950, essas escolas e o

72 | O VALE DE ISRAEL

Mikveh-Israel* passam a ser uma responsabilidade do Ministério da Educação israelense, mas a Aliança continua financiando essas instituições pedagógicas. Atualmente, há meio milhão de pessoas em Israel que são ex-alunos da Aliança.

Em 1906, a primeira escola secundária hebraica foi estabelecida em Herzliya, ao norte de Tel Aviv, para que todos os novos imigrantes pudessem se comunicar. A língua com que a nação judaica deveria reconstituir sua unidade, o hebraico moderno, foi defendida, pensada, desenvolvida e disseminada por um sionista convicto, Eliezer Ben-Yehuda, nascido na Bielorrússia e participante das disputas linguísticas na terra de Israel entre o francês, o inglês, o alemão e o hebraico sefardita. Essa nova nação e esse sonho de Estado tinham de incluir uma língua nacional capaz de unir os exilados da diáspora em seu projeto.

Em 1906, juntamente com a criação da primeira escola de gramática hebraica, o Instituto Bezalel** foi fundado pelo professor Boris Schatz, um dos fundadores da Academia Real de Artes de Sofia, na Bulgária. O nome do instituto é uma referência ao artesão que, na Bíblia, fez o tabernáculo que abriga a Arca da Aliança contendo os Mandamentos.

O objetivo do Instituto Bezalel é "treinar os habitantes de Jerusalém nas artes e no artesanato a fim de consolidar a arte judaica original e encontrar uma expressão visual que sintetize as tradições artísticas europeias e as tradições judaicas da Europa Oriental, fazendo sua integração à cultura local da Terra de Israel". O instituto teve seus altos e baixos e foi forçado a fechar suas portas durante as duas guerras mundiais, antes de passar por um grande crescimento.

---

* Mikveh-Israel, do hebraico, "Esperança de Israel", é uma vila de jovens e internato no centro de Israel, fundada em 1870. Foi a primeira escola agrícola judaica no que hoje é Israel. Localizada no distrito de Tel Aviv, tinha uma população de 432 em 2017. (*N. da T.*)

** http://www.bezalel.ac.il/en/

O instituto é agora parceiro da Universidade Hebraica de Jerusalém. Desde 1952, foi cofinanciado pelo governo e em 1969 recebeu o título de Academia de Belas-Artes e Design. Graças aos seus professores e a seu ensino de qualidade, tornou-se referência internacional, atraindo também estudantes norte-americanos.

No ano de 1929, em seu 16° Congresso, a Organização Sionista Mundial criou a Agência Judaica para Israel, na Palestina ainda sob mandato britânico (a derrota do Império Otomano durante a Primeira Guerra Mundial resultou em uma redistribuição de suas áreas geográficas entre França e Reino Unido).

Na mesma época, foram criadas as universidades que hoje são as melhores do país. A prestigiada Universidade Hebraica de Jerusalém* (construída no Monte Scopus, a nordeste da Cidade Velha, Jerusalém) foi inaugurada em 1° de abril de 1925, em uma cerimônia que contou com a presença de importantes acadêmicos, líderes das comunidades judaicas de Yishuv e dignitários britânicos. Lorde Balfour, Albert Einstein, Sigmund Freud e James de Rothschild participaram do primeiro conselho diretor da universidade.

Embora tivesse apenas três institutos de pesquisa e 141 alunos quando abriu, em 1947 a Universidade Hebraica já havia se tornado uma instituição renomada, contando na época com mais de mil alunos. A guerra de independência de 1948 drenou o campus, mas soluções alternativas foram implementadas, e assim começou a construção do *campus* de Givat Ram, a leste da Cidade Velha, em 1953.

Alguns anos depois, no sudoeste de Jerusalém, o campus de Ciências Biológicas foi desenvolvido em parceria com o Hospital Hadassah, em Ein Kerem. Em 1981, a universidade do Monte Scopus já havia recuperado toda a sua importância e até hoje continua se expandindo.

---

* http://new.huji.ac.il/en

A ORGANIZAÇÃO DO SISTEMA EDUCACIONAL

O sistema educacional israelense foi unificado em 1953 pelo National Education Act. É financiado pelo Estado — exceto escolas independentes e escolas particulares — e o ensino é obrigatório por onze anos para todas as crianças de 5 a 15 anos de idade. Algumas reformas estão tentando atualmente estender o período de escolaridade obrigatória para 12 ou mesmo 13 anos, o que levaria os alunos a permanecer no sistema educacional pelo menos até os 16 anos de idade. O Estado destina grande parte do seu orçamento para o financiamento da educação, quase 8%, uma taxa que os países de melhor desempenho da OCDE às vezes têm dificuldade em alcançar.

Para Denis Charbit, professor de Ciência Política na Universidade Aberta de Tel Aviv, "O país cumpre as duas funções essenciais da educação: primeiramente, oferecer conhecimento e acompanhar a aprendizagem (matemática, escrita, leitura, história, geografia etc.), além de promover a afirmação da identidade. Também deve contribuir para a universalidade enquanto treina o indivíduo, por meio da socialização e da consciência de fazer parte de algo. A Educação Nacional deve ser organizada em função dessa dupla vocação".

O sistema também deve estar atento aos seus alunos e ser capaz de identificar aqueles muito bons. "Na Universidade Aberta de Tel Aviv, há um programa especial para estudantes do ensino médio que ainda não obtiveram seu bacharelado: um adolescente de 16 anos pode adquirir uma licenciatura em matemática. No entanto, os funcionários encarregados do programa asseguram-se de que os adolescentes participantes estão lá porque querem, pois não se deseja prejudicá-los, fazendo com que detestem o ensino superior e, mais amplamente, a competição. Também é responsabilidade de um Estado identificar esses elementos o mais cedo possível. Nesse ponto, parece que a Educação Nacional cumpre suas obrigações demonstrando certa sensibilidade em relação à excelência. Em várias etapas da escolaridade, as crianças passam por testes de seleção. Existe um verdadeiro apego ao indivíduo, o que não parece existir no mundo árabe."

As novas gerações têm cada vez mais diplomas, aumentando para 42% a proporção de indivíduos de idade entre 25 e 34 anos com qualificações superiores de tipo A ou B. Essa taxa é de 40% para indivíduos de idade entre 45 e 54 anos. O sistema público secular tem a missão não só de treinar cidadãos, mas também de prepará-los para a vida ativa. Como explica Resnik Julia, professor da Universidade Hebraica de Jerusalém, o país atua na criação de "temas nacionais" no sistema educacional por meio de um currículo específico. Os professores sensibilizam as crianças ao tema "Uma nação com direito a um Estado", depois "Uma nação pelo direito à religião", depois "Um Estado para uma nação perseguida" e, por fim, "Um Estado para todos os seus cidadãos".

Os principais vetores do ensino desses temas são o estudo da Bíblia, da história e da literatura. O Ministério da Educação incentiva atividades extracurriculares. Todos esses métodos ajudaram a transformar as crianças em verdadeiros cidadãos, preocupados com o futuro de seu país e impregnados tanto da história do Estado quanto da religião judaica.

O INSTITUTO TECHNION

Laurent Zecchini, do jornal *Le Monde*, referiu-se ao Instituto Tecnológico Technion* da seguinte forma: "O *campus* do Technion está localizado em uma das colinas que dominam a

---

* www.technion.ac.il

baía de Haifa. É ao pé de uma delas, o Monte Carmelo, que se estende o Vale do Silício de Israel: o parque de alta tecnologia de Matam associa startups israelenses a todos os grandes nomes norte-americanos, como Microsoft, Intel, Google, Yahoo e IBM. É nessa incubadora que o Technion encontra sua energia, seus alunos e suas perspectivas. A alquimia que permitiu que a universidade mais antiga de Israel conquistasse sua reputação de excelência ainda permanece desconhecida."

Mas os fatos falam por si: 75% dos engenheiros israelenses saíram de faculdades, centros de pesquisa e laboratórios, bem como mais de 70% dos fundadores e líderes de startups. Várias descobertas de renome mundial têm origem no Technion, como: a Rasagilina, uma droga para tratar a doença de Parkinson; um novo método de produção ecológica de eletricidade e dessalinização; e uma reconhecida especialização em microssatélites. Os ex-alunos do Technion irrigam toda a sociedade e economia de Israel, especialmente os setores de Defesa e Ciência da Computação, mas também Medicina, Nanotecnologia, Engenharia Elétrica e Civil, Mecânica, Administração, Engenharia e Arquitetura. A lista não é exaustiva, pois os 13 mil alunos podem escolher entre 18 departamentos agrupados em cinco faculdades: Matemática e Ciência da Computação, Física, Química, Bioquímica e Biologia. A partir do primeiro ano de estudo, o aluno deve escolher uma das faculdades e é treinado para adquirir um ofício. Ao escolher as faculdades de Ciência da Computação ou Aeroespacial, por exemplo, ele é capaz, ao final de seus estudos, de integrar uma equipe de especialistas e usar as técnicas mais avançadas em seu campo.

Uma das chaves para o sucesso do Technion é revelada por Benjamin Soffer, especialista em transferência de tecnologia. "Há vinte anos, os heróis da sociedade israelense eram os generais; hoje, são os empreendedores", diz ele.

Os resultados são evidentes. Se 50% das exportações israelenses estão concentradas no campo da alta tecnologia, é porque existe em Israel a maior concentração de empresas de alta tecnologia fora do Vale do Silício, garantida pelo Technion. Há outra razão, mais política: além da prioridade dada à pesquisa e ao desenvolvimento, o isolamento de Israel no Oriente Médio dificulta o comércio com seus vizinhos e o leva a olhar além de suas fronteiras, especialmente para os Estados Unidos, em busca de parcerias, e também para a Europa, como declara Muriel Touaty, diretora do Technion France: "Além de ser aclamado na França, o Technion também se tornou um interlocutor estratégico e inegável para a cooperação com a indústria e o mundo político e institucional, realizando um impressionante trabalho de networking. Mais de cem cooperações com a indústria francesa foram assinadas nas áreas de água, energia, biotecnologia e medicina. No âmbito universitário, toda a França foi abrangida: o CNRS, o INSERM, todas as universidades e *grandes écoles* e, em particular, a ParisTech."

A epopeia do Technion começou em Basileia, na Suíça, em 1901, durante o 5º Congresso Sionista. A decisão de criar uma universidade judaica no coração do Império Otomano não foi autoevidente, mas a primeira pedra desse "instituto de estudos técnicos" foi colocada em abril de 1912, quase um século atrás, em um lugar escolhido por David Ben Gurion, no coração da floresta Carmel.

O instituto foi inaugurado em 1924 por Albert Einstein, que também foi um de seus fundadores. De muitas maneiras, o Technion serviu de caldeirão para o exército israelense, atraindo seus especialistas por décadas. Essa influência recíproca continua desempenhando um papel importante no sucesso da primeira universidade científica e tecnológica de Israel, que também é o maior centro de pesquisa aplicada do país. Isso se explica pelo fato de a sociedade israelense, fortemente militarizada, enviar tardiamente seus estudantes para a universidade. Paradoxalmente, essa é a força do Technion.

O *campus* não deixa muito a desejar em relação ao MIT (Massachusetts Institute of Technology) ou Stanford, frequentemente mencionados pelos estudantes do Technion, exceto pelo fato de ser um espaço fechado de 121 hectares, sob estrita vigilância.

Peretz Lavie, presidente do Technion, teve a oportunidade de analisar o modelo de inovação israelense e o papel fundamental do Technion nesse campo.

Technion, o motor da inovação israelense

Por Peretz Lavie

Israel é uma "nação startup". Nos últimos anos, Israel se tornou um império de inovação e startups. Muitas vezes me pergunto: o que faz com que nós, israelenses, sejamos tão brilhantes no campo de inovação, novas empresas e criação de novas tecnologias? Não há um fator único; são muitos.

É algo que tem a ver com o estado mental de Israel, com a natureza israelense: ser eficaz, sentir necessidade de realização. Há um estudo que mostra a correlação entre o respeito pela hierarquia e o potencial de inovação dos jovens nos países. Em muitos, onde o senso de hierarquia é importante, por exemplo, quando os alunos se sentem constrangidos em fazer uma pergunta em sala de aula ou conversar com um professor individualmente, há pouco potencial de inovação. Os israelenses, com seu *chutzpah* — uma mistura de audácia e coragem —, sua falta de formalidade e, às vezes, até mesmo uma falta de respeito pela autoridade, têm um perfil muito mais inovador.

O serviço militar forma a personalidade; um jovem de 18 ou 19 anos pode ser responsável por equipamentos que custam milhões de dólares. Então, ao iniciar um negócio, ele não é perturbado por números, riscos ou decisões que, às vezes, são insignificantes em comparação àqueles que ele enfrentou no exército.

No entanto, acredito que a qualidade do sistema educacional é o fator mais importante. Acho que o Technion, com sua reputação e qualidade de ensino, é a fonte de muitas startups. Uma pesquisa realizada há alguns anos com empresas israelenses listadas na Nasdaq mostrou que em 70% delas havia um graduado do Technion ocupando uma das três posições mais altas. Portanto, o Technion é a espinha dorsal do setor de alta tecnologia de Israel. Não há outros exemplos estrangeiros de uma universidade que tenha tamanha contribuição para a economia de seu país. O desafio é saber como estamos perpetuando essa situação.

Precisamos de parcerias. Durante a década de 1960, o Instituto de Microeletrônicos do Technion abriu caminho para todo o setor de alta tecnologia. As nanociências, que hoje são o novo Sésamo, tiveram importantes aplicações industriais. Nós começamos os programas de nanociências há sete anos, e hoje já existem 36 empresas que usam e desenvolvem nanotecnologias.

Precisamos de novas ideias. Então, precisamos de pesquisa básica, que é a chave para o futuro da indústria. Nos últimos cinco anos, tivemos quatro prêmios Nobel, sendo três em Química e um em Economia. Quando associamos esse resultado à população, é um resultado sem precedentes. Mais significativa, porém, é a comparação com o orçamento investido em pesquisa básica. Acho que não há nenhum país no mundo que invista tão pouco em pesquisa básica e que tenha obtido tantos prêmios Nobel no período de cinco anos. O orçamento total para a Fundação Científica de Israel (ISF) é de US$ 83 milhões. É o orçamento de uma universidade muito pequena nos Estados Unidos, e não é nada comparado aos nossos equivalentes na Europa. Além disso, aqui nós precisamos convencer o governo de que é necessário investir em pesquisa fundamental.

O Technion, e digo isso com muito orgulho, é um excelente instituto tanto no nível dos estudantes quanto no dos professores. Não comprometeremos essa qualidade, que mantemos há muitos anos. Acabei de conhecer alguns jovens professores que se juntaram ao Technion e acredito que a próxima geração de professores e pesquisadores será ainda melhor do que a anterior. Por isso, devemos nos esforçar para manter o status de um dos melhores institutos de tecnologia do mundo.

Vou dar alguns exemplos além dessa cápsula que engolimos, desenvolvida por um estudante da Faculdade de Engenharia Eletrônica do Technion. A chave USB e o primeiro sistema de mensagens instantâneas também foram concebidos por um graduado do Technion. Todos nós usamos o Adobe Acrobat e alguma forma de compactação de dados. Sem o trabalho de Jacob Ziv, da Faculdade de Engenharia Eletrônica, e Abraham Lempel, da Faculdade de Informática do Technion, todo esse setor não teria sido desenvolvido. Devemos mencionar também os professores Itzkovich e Stem Cells, cujas aplicações são usadas em todos os laboratórios do mundo.

Por fim, os cidadãos de quase todos os países do mundo têm contato diariamente com Israel e o Technion, seja ao abrirem um computador, usarem o Acrobat, transferirem dados informáticos ou enviarem mensagens, seja quando vão ao hospital e usam medicamentos. E esse é um país com apenas 68 anos de idade, que enfrenta guerras a cada seis anos e meio, e cujo orçamento é em grande parte destinado a objetivos não relacionados ao mundo da educação. Esse é o milagre.

O CAPITAL HUMANO COMO ESCUDO | 81

O PAPEL DAS FUNDAÇÕES

Gustave Leven, seguindo os traços de seu avô, Narcisse Leven (jovem advogado que fundou em 1860, com alguns amigos, a Alliance Israelite Universelle), criou, em 1984, o que hoje se tornou a Fundação Rashi. Presidida por Hubert Leven, a fundação é uma das instituições filantrópicas mais importantes de Israel. Sua missão é ajudar as pessoas, focando particularmente na geração mais jovem e em populações desfavorecidas, com resultados nos campos social e educacional. O cerne da ação realizada pela Fundação Rashi é a luta contínua em defesa das escolas e dos estudantes, e também da melhoria da assistência médica, com a promoção de sua acessibilidade a populações desfavorecidas ou situadas na periferia do país.

Mickael Bensadoun, ex-diretor da associação Gvahim (cúpulas, em português), explica o papel essencial que esse tipo de organização pode desempenhar no apoio a futuros jovens talentos de origem imigrante: "O projeto Gvahim foi fundado em 2006 pela Fundação Rashi juntamente com um grupo de personalidades do mundo dos negócios israelenses. Por anos, a missão da Gvahim tem sido permitir que imigrantes recentes que se formaram em escolas de ensino médio ou universidades de todo o mundo alcancem seus objetivos profissionais em Israel, proporcionando o apoio de que eles precisam para terem sucesso em sua *alyah*"*.

Adaptar-se a diferenças culturais, ajustar suas habilidades a um mercado de trabalho desconhecido e superar o obstáculo da falta de relacionamentos sociais são os desafios que os novos imigrantes enfrentam ao chegarem a Israel. Para superá-los, a Gvahim oferece sessões de trabalho e workshops que fornecem aos recém-chegados ferramentas e informações necessárias para

---

* *Alyah*, ou aliá em português: ato de imigração de um judeu para a Terra Santa. (*N. da T.*)

sua integração profissional. A Gvahim também possibilita que cada participante se beneficie do apoio individual dos recursos humanos israelenses e de consultores profissionais que o ajudam a definir seu plano de carreira e suas metas profissionais. Por fim, o estabelecimento de redes profissionais por setor de atividade, que hoje reúne mais de 2 mil membros, promove a troca de contatos e o networking.

4. O escudo militar e o impacto do exército na coesão social e na inovação

EXÉRCITO, PROTAGONISTA NO CENÁRIO ISRAELENSE

O serviço militar obrigatório para todos os israelenses é uma fonte de excepcional diversidade étnica e social para as forças de defesa de Israel (IDF). Paradoxalmente, é essa variedade que leva à unidade no exército. Este último cumpre perfeitamente seu papel de misturar e homogeneizar populações. Todos os jovens israelenses, judeus, drusos e beduínos, devem, aos 18 anos, prestar serviço militar por pelo menos três anos para os rapazes e dois para as moças. Assim, é possível recrutar os melhores talentos, a quem o exército oferece programas de treinamento de alto nível. Após o ensino médio, os jovens competem para ingressar nas maiores unidades de elite, verdadeiros estandartes do exército. Enquanto em 2008 as estatísticas mostravam que parte dos jovens fugia de suas obrigações militares (26% dos rapazes e 44% das moças), alguns anos depois, os números revelaram que a motivação dos jovens alistados estava muito mais elevada (80% dos soldados tinham se alistado em unidades de combate, em comparação a 69% em 2008). Na adolescência, muitos jovens passam por uma preparação intensa com esse objetivo. A atribuição às diferentes unidades depende, de fato, dos resultados dos testes de aptidão física e intelectual.

Esse serviço obrigatório, especialmente quando realizado nas unidades de elite do IDF, leva os jovens adultos a assumirem responsabilidades e a desenvolverem a capacidade de tomar decisões bem rápido, sob condições muito duras, fisicamente exigentes e bastante arriscadas. A cultura do exército israelense promove um estilo de interação direta, encoraja a expressão individual e a informalidade, mesmo em se tratando de relacionamentos hierárquicos.

Toda a vida profissional deles também é marcada por períodos anuais de reserva, normalmente trinta dias por ano para os homens. Eles continuam mobilizáveis até os 40 anos ou mais, dependendo das unidades nas quais os reservistas servem.

Seu status de "exército do povo" e a obrigatoriedade do serviço militar, inclusive para as mulheres, faz com que o IDF ocupe um lugar muito especial na sociedade. Durante o serviço, os jovens desenvolvem uma relação única de amizade e confiança: nós nos defendemos e salvamos a vida do próximo. No treinamento, o oficial dá o exemplo, ficando próximo de seus soldados, muitas vezes na linha de frente. As noções de cumplicidade, respeito e modelos são totalmente assimiladas nesse momento, com uma forte doutrina que se manifesta, por exemplo, pelo código moral e ético que rege as ações dos soldados israelenses. Assim, durante uma missão, o oficial está em uma situação clara de comando: "Soldados atrás de mim", em vez de enviar os soldados à frente. Durante a primeira guerra do Líbano, 40% dos mortos eram oficiais, os quais representavam apenas 14% dos combatentes.

Além disso, o exército emprega um grande número de civis. Além dos muitos oficiais que escolhem seguir carreira militar, há muitas pessoas que, após terminar o serviço, trabalham em empresas cuja existência depende em grande parte das forças armadas. Elas são a Israel Military Industries (IMI), a Israel Aerospace Industries (IAI), a Rafael e a Elbit Systems Ltda., principais fornecedores nacionais do IDF. Organizado em unidades pequenas e rápidas, o exército tem uma influência inegável na direção dos negócios, ainda que apenas em termos de gerenciamento operacional. Essa cultura de movimento, de trazer projetos inovadores e improvisação, encaixa-se perfeitamente nas exigências da economia da inovação.

Os jovens, a partir dos 20 anos de idade, são frequentemente colocados para liderar equipes inteiras de soldados. Eles são incentivados a raciocinar com a mente bastante aberta — *rosh gadol*, literalmente "grande mente" — em relação às ordens hierárquicas, deixando uma grande margem de manobra para a tomada de iniciativa que é reforçada pelo fato de a noção de hierarquia ser quase que apenas implícita: existe, mas não é rígida como no Brasil, e não há hierarquia social ou racial. Por exemplo, temos o caso de uma unidade de reserva em que o comandante, que era cozinheiro do Hilton na vida civil, tinha sob suas ordens como soldado o próprio diretor do hotel. Assim, dentro do IDF, qualquer um pode se tornar oficial, e o soldado pode assumir a responsabilidade do oficial em situações de combate.

Ainda deve se ressaltar que, além dos três anos de serviço militar obrigatório, Israel tem também o sistema *milouim*, que é um período de reserva de cerca de trinta dias que a grande maioria dos cidadãos realiza todos os anos até a aposentadoria, contribuindo para a criação de verdadeiras redes de conhecimento muito férteis em um ambiente profissional. Isso lembra as relações que existem entre os ex-alunos das *grandes écoles* francesas. É possível observar essas relações em grandes empresas como Compugen, AudioCodes, Sapiens e NICE Systems, onde muitas reuniões são como agradáveis encontros das associações de ex-alunos. Nas empresas Catalyst e Cukierman & Co Investment House Ltda. (CIH), muitas transações são oriundas de encontros que ocorreram no exército. Esse intercâmbio permanente entre o IDF e a sociedade israelense também é observado por meio da "reciclagem dos generais".

A experiência militar é, de fato, altamente valorizada pelos recrutadores israelenses. O IDF tem, portanto, uma influência excepcional no desenvolvimento do inconsciente gerencial de seus soldados: todo israelense, bem como todo administrador israelense, passa no serviço militar por genuínos "momentos da verdade" durante os quais adquire o desejo de sucesso e de alcançar seus objetivos.

As guerras não são ganhas apenas com equipamentos tecnológicos. Os homens que lutam, assim como seu estado de espírito e sua vontade de defender seu povo, fazem a maior diferença no combate. O fator humano é essencial, e o equipamento serve apenas de aparato ao capital humano. As habilidades de aprendizado e questionamento costumam ser desenvolvidas no exército e estão associadas a uma flexibilidade e capacidade de resposta que são inegáveis. Assim como os reservistas que podem ser mobilizados às vezes em menos de 72 horas, os gerentes israelenses sabem se disponibilizar a qualquer momento em nome do sucesso de sua empresa.

INOVAÇÕES DO EXÉRCITO E A TRANSFERÊNCIA TECNOLÓGICA DE MILITARES PARA CIVIS

No caso particular do IDF, o escudo tecnológico se refere a defesa e proteção, mas também traz uma ideia de tecnicismo e força. A instituição não se distingue pelo número de soldados servindo sob suas bandeiras, incluindo até mesmo os reservistas, mas pelo avanço tecnológico que sempre foi capaz de desenvolver e preservar.

Ao mesmo tempo poderoso e independente, o IDF é uma das principais forças do escudo tecnológico de Israel, pois seu uso intenso de tecnologias avançadas lhe confere uma vantagem inegável. Um verdadeiro mito foi construído em torno de sua força e da história do país, pontuada por muitas guerras que todos os especialistas considerariam perdidas desde o princípio. A história de Israel, portanto, é uma prova confiável da eficácia do IDF.

Seu poder nuclear potencial também deve ser levado em conta, pois seu *know-how* na área garante a durabilidade do seu poder de dissuasão. Essa posição de força no Oriente Médio é um elemento fundamental da estratégia militar do país.

O IDF atua como catalisador da inovação, sendo responsável por muitos avanços tecnológicos tanto no campo militar quanto no civil, graças à transferência de conhecimento e tecnologia.

Essas inovações tecnológicas, que chegam às centenas, são certamente a base do sucesso do exército. O exemplo recente da aeronave não tripulada ilustra esses avanços tecnológicos que revolucionaram as estratégias militares. Em fevereiro de 2010, o exército israelense lançou o Heron TP (*Eitan*, em hebraico), um dos maiores aviões não tripulados do mundo. Assim, o exército introduziu um dos vetores mais eficazes em termos de coleta de informações, monitoramento do terreno em tempo real e apoio às tropas terrestres.

Israel e os Estados Unidos são os dois países que possuem mais *expertise* nesse campo mundialmente, e o primeiro a exporta bastante. Até mesmo a França tem interesse pelos drones israelenses, como evidenciado em um contrato assinado entre a Dassault e a IAI.

O conceito de escudo defensivo também é encontrado em armamentos do IDF, como o tanque Merkava, projetado para proteger a tripulação. Nos tanques israelenses, o motor se localiza na parte traseira por dois motivos: para limitar os danos em caso de ataque frontal do inimigo e para permitir que os soldados saiam rapidamente do veículo blindado.

O novo sistema magnético Trophy, ativado ao redor de um veículo blindado como um escudo, segue essa mesma lógica de proteção do soldado de infantaria. Outro ponto a ser observado é que, graças aos avançados sistemas de simulação, o treinamento de soldados e pilotos é mais eficiente.

A Elbit Systems, Elisra ou Rafael comercializaram com sucesso produtos de alta tecnologia que originalmente seriam desenvolvidos como aplicações militares. A esse respeito, as conquistas mais significativas são no setor espacial (IAI, Elop, Elbit), no setor de telecomunicações (Gilat Satellite, ECI Telecom, Tadiran, Comverse, LocatioNet), e no setor de segurança (Check Point, RadGuard, Tarzana).

Ainda mais surpreendente é a disseminação das tecnologias militares no setor médico. A Rafael criou uma estrutura chamada de RDC (Rafael Development Corporation), que concede permissões para converter tecnologias militares. A Galil Medical, derivada da Rafael, especializa-se em equipamentos de cirurgia invasiva e desenvolve interfaces entre diferentes dispositivos de imagens médicas. Atualmente, ela está presente na América do Norte e na Europa, fornecendo a clientes importantes como o hospital universitário de Harvard.

A Elbit Systems, especializada em equipamentos militares e aeronáuticos, já lançou empresas comerciais nos setores de telecomunicações e aeroespacial. A empresa introduziu o MediGuard, uma startup que desenvolve sistemas de navegação invasivos baseados na experiência militar com fibra ótica e tecnologias de roteamento. O MediGuard facilita as operações cirúrgicas, fornecendo imagens médicas em 3D para cateterismo, endoscopia e cirurgia cardíaca, sem usar raios X.

Outro exemplo que demonstra os fatores que levaram ao sucesso de tais transferências de tecnologia é a Check Point Software, empresa criada em um apartamento por Gil Shwed, Shlomo Kramer e Marius Nacht. O trio de fundadores, de perfil semelhante, tinha menos de 30 anos e se conhecera no exército, onde se familiarizaram com a segurança dos sistemas de informação.

A empresa é característica do setor de alta tecnologia de Israel, pois foi criada por três amigos do exército que trabalharam juntos com ciências da computação enquanto eram recrutas nas unidades de inteligência militar. Para eles, ser identificado como israelense no mundo da segurança tem sido uma vantagem. Até mesmo o nome Check Point tem uma conotação militar. Quando deixaram o exército, eles tinham uma ideia bem clara do que era a produção de um software. Gil Shwed, seu cofundador, é hoje considerado um modelo em Israel, e seu exemplo permite que outras jovens empresas israelenses acreditem que elas podem se desenvolver internacionalmente enquanto israelenses. A Check Point chegou a esse nível de desenvolvimento apenas quatro anos após sua entrada no mercado.

O escudo do capital militar humano de Israel também tem uma implicação muito direta na inovação: todas as novas tecnologias foram e são desenvolvidas com base em experiências militares operacionais.

O *know-how* tecnológico acumulado durante os vários conflitos que marcaram sua história fez do Estado de Israel um grande exportador mundial de armas, com uma média de 3,1 bilhões de euros de entrega nos últimos cinco anos, confirmando a autonomia de sua indústria de armamentos (Figura 14 do caderno de imagens). São três as grandes empresas israelenses que se encontram entre os principais produtores de armas do mundo: Aerospace Industries, Elbit Systems e Rafael.

Há, portanto, um elo muito forte entre a defesa israelense e o mundo da indústria. Schlomo Dror, ex-porta-voz do Ministério da Defesa de Israel, depois de servir como comandante de batalhão de tanques e, em seguida, como oficial dos serviços de segurança interna do país, se expressou a respeito da relação entre o exército e o setor industrial.

O ELO ENTRE A DEFESA ISRAELENSE E O SETOR INDUSTRIAL

Por Schlomo Dror

A cooperação recíproca entre as empresas militares e privadas é uma característica fundamental do modelo israelense. A relação entre a indústria e os militares em Israel é muito diferente de outros países. Em Israel, o relacionamento é tão próximo que, às vezes, quando você visita uma empresa e conhece alguém dela, não sabe se ele trabalhou para o Ministério da Defesa de Israel ou para a indústria. A Comverse (ex-Efrat) é um exemplo de empresa onde você encontra muitas pessoas de unidades de inteligência israelenses, especialmente em ciências da computação. Há toda uma porosidade entre a esfera civil e a esfera militar. É um tipo de osmose que ocorre nos dois sentidos.

Em um sistema típico como a indústria norte-americana, quando você constrói um avião, é necessário planejar a pesquisa de desenvolvimento e os protótipos para testes, e, se o exército aprovar esses testes, eles precisarão de muito tempo e dinheiro. Quando você quer começar um projeto em Israel, o desenvolvimento pode ser feito em sinergia com o exército, se você precisar de ajuda. Por exemplo, se a Elbit cria um novo motor, eles podem confiar no exército para testá-lo assim que o motor estiver pronto.

O exército compartilha seus equipamentos de classe mundial com empresas privadas. Se uma empresa privada de alta tecnologia precisa de equipamentos, ela pode entrar em contato com as forças armadas e trabalhar em seus computadores. Exército e indústria costumam trabalhar juntos em diferentes projetos. Por exemplo, quando você tem uma ideia inovadora, mas faltam recursos humanos para dar continuidade a ela, nós perguntamos à indústria quem seria mais capaz de atuar junto ao projeto e de iniciar uma pesquisa de desenvolvimento em comum. Podemos entrar em contato com a Elisra em busca de um sistema elétrico, dizer o que queremos e discutir as oportunidades.

Sobre trabalhar na mesma área e ser das mesmas unidades

Deixe-me dar um exemplo. Se você trabalha em uma área de pesquisa muito especializada, e se sabemos que o melhor engenheiro para desenvolver o projeto deixou o exército há três ou quatro anos e trabalha para uma empresa de alta tecnologia, nós fazemos um contrato com essa empresa por um período limitado e contratamos esse engenheiro para a missão. A cooperação recíproca é importante porque precisamos de habilidades que agora fazem parte do setor privado, e as empresas de alta tecnologia precisam da nossa assistência e dos nossos equipamentos para seu próprio desenvolvimento. O que obtemos com isso é um produto adaptado ao mercado e que apoia a economia israelense.

Em outros países, a cooperação com instituições governamentais, especialmente a defesa, é muito limitada, e os acordos nunca são irrevogáveis e garantidos, como acontece com o Ministério da Defesa de Israel.

A cooperação entre os setores está arraigada no relacionamento desenvolvido pelos israelenses dentro de seu tempo de serviço militar, e pode ser assim explicada. Por exemplo, o período de reserva é muito importante em nossas vidas. É um dever para todos os homens israelenses, que reúne membros de uma unidade por quatro semanas a cada ano. Durante esse período, reencontro meus companheiros com quem estive no exército e na universidade, 27 anos atrás. Nós servimos por um período de três e cinco anos, e depois as pessoas se espalham pelo mundo nos mais variados campos, mas pelo menos três vezes por ano nos reunimos novamente. Esse tipo de amizade que une os camaradas israelenses é verdadeiramente único e serve como uma base de rede ao longo da vida.

Essa relação única persiste particularmente em certas unidades (petroleiros, paraquedistas, comandos e inteligência) ou em certos domínios (informática, segurança). Quando dois israelenses se encontram, geralmente a primeira pergunta é: "Onde você serviu no exército?" Isso ajuda a construir relacionamentos e fornece referências comuns.

Por outro lado, é possível entender as dificuldades enfrentadas por aqueles que não serviram no exército e a suspeita que isso pode levantar. As pessoas tendem a acreditar que esses indivíduos sofreram de alguma doença, ou que são muito individuais e não estavam dispostos a oferecer seu trabalho à sociedade. Ao contratar alguém, você procura pessoas dedicadas à empresa, não pessoas que trabalham para si mesmas.

O exército é uma oportunidade de crescimento pessoal e profissional e também de fazer muitos e bons amigos. Mesmo assim, se você me perguntar se eu gosto desse sistema, eu diria que preferiria ter um número menor de bons amigos e viver em um país em paz. Aqui, não é realmente uma vida normal. É claro que as relações desenvolvidas em torno do exército são muito importantes, mas prefiro não sentir medo ao ver meus filhos indo para a frente de batalha durante seu serviço militar. O serviço dura três anos... E é um período longo!

De maneira geral, a tecnologia está primeiramente a serviço do soldado antes de estar a serviço do exército e passa pelo jogo de transferência de tecnologias para servir o conjunto dos cidadãos de Israel e todos aqueles a quem as descobertas de informática interessam, por exemplo.

Um desafio adicional é a revolução digital. Os israelenses a conhecem há muito tempo. Com Gutenberg e o desenvolvimento da prensa, a escrita suplantou a oralidade na gestão da informação. Com a Web, as informações passam do papel para o meio eletrônico: antes distribuídas com parcimônia nas empresas, hoje elas são amplamente distribuídas na internet e nas intranets, muitas vezes sem compensação financeira.

No entanto, trabalhar mais e melhor não é mais suficiente para manter uma posição invejável em um contexto internacional. Devemos também saber como usar novos meios de comunicação (e-mail, fóruns de discussão) e novas ferramentas (softwares de análise de conteúdo e de mapeamento de informações, agentes inteligentes). Mais recentemente, com as tecnologias da Indústria 4.0 — Big Data, Internet of Things, Cloud Computing, Data Analysis, entre outras — os jovens israelenses demonstram uma grande capacidade de dominar todas essas novas tecnologias.

Esse *know-how* pode ser explicado pela passagem da maior parte dos jovens diretores de startups, relacionadas à tecnologia de informação e de comunicação, pelo serviço militar na discreta unidade 8200 do Tsahal, um verdadeiro polo de excelência.

MATI BEN-AVRAHAM ENTREVISTA DAVID HARIRI

Mati Ben-Avraham: Natural do Cairo, ele acaba de celebrar seu 74º aniversário. Oriundo de uma família judia egípcia francófona, ele é conservador, domiciliado no centro da cidade de Jerusalém, e vive em um bairro nobre com sua família secular, mas que se preocupa em não escapar da estrutura tradicional sefardita. "Costumávamos ir à sinagoga nas noites de sexta-feira, em dias de festa, nos *bar mitzvah*...", diz Hariri. Ele cursava o ensino médio no Cairo quando teve início a guerra de 1956, lançada pelos ingleses e franceses em resposta à nacionalização do Canal de Suez pelo presidente Nasser. Houve participação das forças israelenses, recrutadas por um governo ansioso para lidar com os egípcios na fronteira sul do país. Em uma guerra na qual cidadãos egípcios, ingleses, franceses e judeus pagavam o preço, a família Harari foi expulsa, assim como muitas outras.

David Harari: Deixamos o Cairo em janeiro de 1957 rumo à França, mais precisamente Paris, onde continuei meus estudos do ensino médio no liceu Carnot até concluir. Então, tive que escolher: engenharia ou medicina? Optei pela engenharia, já que havia sido elogiado em matemática e física. Passei nos exames e fui admitido na Escola de Engenheiros de Obras Públicas. Obtive meu diploma com um 3º ciclo de ciências da computação, uma disciplina que acabara de ser aberta na

França. Meu diploma era de especialista em processamento de informações e, ao mesmo tempo, fiz um doutorado em Física sobre propagação de ondas. Eu me graduei em 1967.

Mati Ben-Avraham: E, depois disso, a entrada no mundo do trabalho...

David Harari: Ainda não. Eu era um conscrito de licença, então tive que me juntar ao exército francês. Concluí o serviço militar em 1969, mas, naquela época, minha esposa e eu — nos conhecemos durante nossos estudos e nos casamos em 1963 — já tínhamos tomado uma importante decisão: ir a Israel.

Mati Ben-Avraham: Por causa da Guerra dos Seis Dias?

David Harari: Principalmente por causa do discurso que o general De Gaulle fez depois dessa guerra e que mexeu conosco. Mas não se tratava de deixarmos a França, de romper com o país, mas de ir e servir Israel. Ao sair do exército, no entanto, preferi trabalhar um ano na França para preparar melhor a nossa *alyah*, que realizamos em 1970, com nossas duas filhas. A mudança para Israel tinha fortes motivos e foi muito preparada.

(Com um grupo de amigos, enquanto ainda estava no exército, David Harari trabalhou para a criação do Movimento da Alyah da França, do qual ele foi o primeiro presidente. Esse movimento não tinha o objetivo de competir com a Agência Judaica, e sim de mudar a visão da *alyah*. "Naquela época, pediam que os judeus fossem a Israel e, em seguida, depois que eles chegavam lá, pediam que tentassem conseguir um emprego, um apartamento...", lembra ele. Partindo do princípio de que a França não era um país perigoso, o movimento inverteu a ordem de prioridade.)

96 | O VALE DE ISRAEL

Então consegui convencer a IAI, que estava em fase de desenvolvimento, a abrir um escritório de contratação em Paris. Assim, 300 engenheiros e técnicos foram até a IAI entre 1969 e 1970, inclusive eu. Naturalmente, o trabalho não era nossa única preocupação, também levamos em consideração outros parâmetros como moradia. Até fundamos um *moshav**, o famoso Beit Meir, totalmente francófono no começo...

Mati Ben-Avraham: Como foi esse primeiro contato com a indústria israelense?

David Harari: Como engenheiro de desenvolvimento, entrei para uma pequena equipe que acabara de ser criada com uma ideia totalmente nova: como introduzir a metodologia para que, durante o desenvolvimento, o sistema fosse confiável? Em setembro de 1977, a IAI assinou seu primeiro contrato com o Ministério da Defesa. Tive a chance, de ser nomeado gerente de projeto, e foi a chance da minha vida.

Mati Ben-Avraham: Soube que houve resistência, que queriam impedir a inovação local. Surpreendente, não, para um país tão jovem?

David Harari: Ainda há resistência à inovação mesmo em países jovens, embora, na minha opinião, seja mais fácil introduzir inovações em Israel do que em outros países. Mas nem sempre é fácil. Durante esse período, grandes créditos foram alocados para o desenvolvimento de uma aeronave de combate, o Kfir, um enorme projeto, e éramos uma pequena equipe lidando com um brinquedo, com uma espécie de modelo reduzido, talvez um pouco maior do que o vendido no mercado. Dávamos a

---

* *Moshav*: assentamento, vila, um tipo de comunidade rural. *(N. da T.)*

impressão de que éramos crianças querendo se divertir. Mas éramos teimosos e acreditávamos naquilo. Naquela equipe, eu era o único que nunca havia pilotado um modelo reduzido. Os outros eram fãs. Alguns, nas unidades especiais dos serviços de inteligência, tentaram até mesmo fazer os dispositivos voarem por cima do Canal de Suez durante a Guerra de Desgaste.

Mati Ben-Avraham: Qual foi a maior dificuldade? Impor seus pontos de vista?

David Harari: Eu não diria isso. Uma ordem havia sido dada e tinha de ser executada. O grande problema era que estávamos começando do zero. Não tivemos nenhuma fonte de referência. Era necessário explicar tudo, entender, inventar, imaginar, propor. Quando, por exemplo, escrevi as especificações da primeira estação de controle dos comandos, fiz isso pela lógica porque ninguém sabia o que fazer. O drone terminou nascendo dessas perguntas constantes, de deduções lógicas, do diálogo com os operacionais. Por isso o começo foi difícil, porque nos outros sistemas que são desenvolvidos há sempre uma base, um passado tecnológico e, em nosso caso, não havia nenhum.

Mati Ben-Avraham: E como será o amanhã?

David Harari: Depois de quarenta anos na IAI, eu diria que, sem dúvida, a tecnologia israelense é uma das mais avançadas do mundo e que essa tecnologia continuará se desenvolvendo enquanto a inovação for financiada. Vemos que mais e mais empresas grandes, principalmente norte-americanas, estão abrindo centros de P&D em Israel, atraídas por uma densidade excepcional de pesquisadores de ponta. Estou tentando convencer as empresas francesas a seguirem essa mesma direção. Minha preocupação é com a tendência das startups israelenses inovadoras que são colocadas no mercado muito rapidamente. US$ 100 milhões, US$ 300 milhões, US$ 1 bilhão! Embora eu entenda que os acionistas de uma startup queiram tornar o investimento lucrativo de imediato, lamento que essas incubadoras não sirvam inicialmente para criar empresas internacionais cuja sede seja em Israel.

Mati Ben-Avraham: Essa é sua única preocupação?

David Harari: No campo da aeronáutica, que acho que conheço bem, continuaremos entre os melhores, especialmente no que diz respeito aos drones. Seremos limitados apenas pelo financiamento. No campo espacial, por outro lado, uma questão tem me incomodado. A indústria espacial foi criada há mais de trinta anos para atender a necessidades específicas. Hoje, o governo não quer mais ou não pode mais pagar o mesmo nível de pesquisa. Um grande ponto de interrogação irá surgir, já que essa é uma área altamente sofisticada. Tenho a esperança de que, considerando que a NASA se fechou para nós (é um setor classificado como estratégico e altamente protegido pelos Estados Unidos), possamos fechar acordos de parcerias com a Europa, incluindo a Agência Espacial Europeia (ESA) ou o CNRS francês. É por isso que temos um projeto para desenvolver um satélite com os franceses, o Vênus, que ajudei a lançar.

E a ESA está começando a se interessar por nós para ver se Israel não deveria ser membro da agência, seguindo o modelo canadense. Se por alguma razão a Europa se fechar para nós, teremos de nos voltar para a Rússia ou para a China. E seria uma história totalmente diferente...

5. O espírito empreendedor

A MUDANÇA DE INTERVENCIONISMO PARA LIBERALISMO

O messianismo socialista foi favorecido pelos primeiros imigrantes, mas de maneira conciliada com o sionismo.

Assim, curiosamente, a cultura empreendedora se desenvolveu a partir de uma economia socialista nos primeiros anos da nação. Esse modelo econômico foi baseado nos *kibutzim**, estruturas comunitárias que construíram a economia israelense e experimentaram o socialismo. Na época, os moradores dos *kibutzim* representavam apenas 4% da população, porém mais de um quarto dos oficiais e deputados do Knesset** vieram deles. Hoje, privatizados, continuam sendo um dos pilares da economia.

A visão utópica dos pioneiros se deparou com a realidade do mundo econômico e o fato de que nem todos compartilhavam essa visão. Israel, então,

---

* *Kibutzim* são comunidades coletivas tradicionalmente baseadas na agricultura (*N. da T.*)

** Parlamento de Israel. Sua sede está em Jerusalém, e foi construída em terra pertencente à Igreja Ortodoxa Grega, que foi arrendada para este fim. (*N. da T.*)

100 | O VALE DE ISRAEL

gradualmente optou por um regime mais liberal e integrado ao mundo ocidental. Houve, também, no final dos anos 1980, uma acentuada liberalização da economia israelense, marcada pela ampla privatização. Embora elas tenham sido controladas pelo Estado, todos os bancos foram privatizados; empresas como a Tnuva (do setor leiteiro) e a Bezeq (de telecomunicações) foram compradas pelo grupo Apax*. Esse liberalismo abriu as portas para o empreendedorismo, que teve uma influência direta no crescimento israelense. Assim, Israel se tornou gradualmente um país de empreendedores, e é por isso que hoje é chamado de "nação startup"**.

Aproximadamente 174 empresas israelenses foram listadas na Nasdaq, e 87 na Europa. Mas, ao longo da última década, a atração pelo mercado europeu aumentou e, desde 2005, mais recursos têm sido levantados lá do que no mercado norte-americano.

SÍNDROME DA "MÃE JUDIA" E O ESPÍRITO EMPREENDEDOR

Yossi Vardi, fundador da ICQ, uma empresa vendida para a AOL, diz que o espírito empreendedor resulta do comportamento tradicional da "mãe judia".

Numa representação caricata próxima da realidade, a mãe judia sente um orgulho excessivo dos sucessos de seus filhos, mesmo que pequenos ou imaginários. A vontade de vencer é, portanto, parte integrante da cultura, e o gosto da ambição transmitido às crianças é, de fato, inerente à educação das mães judias. Encorajadoras e protetoras, elas sonham em ver seus

---

* www.apax.com
** *Israël: La nation startup*, Dan Senor et Saul Singer, Maxima Laurent du Mesnil éditeur, setembro de 2011.

filhos se tornarem grandes profissionais, médicos ou advogados, e não economizam na exigência constante nem no apoio que lhes oferecem.

Essa atitude é difundida tanto em Israel quanto na diáspora, onde as crianças exercitam e desenvolvem seus talentos muito rapidamente sem críticas "traumatizantes". Outra explicação é o conceito de "pequeno rei". Em Israel, a criança não está sujeita às regras de obediência que são conhecidas em outros lugares. Ela tem direito a tudo, talvez porque os pais sabem que um dia ela partirá para o exército.

Mas esse também é o caso de outras comunidades em todo o mundo, comos gregos e italianos nos Estados Unidos, os armênios etc. Esse traço cultural costuma estar relacionado a minorias que passaram por grandes sofrimentos.

A LONGA HISTÓRIA DO ANTISSEMITISMO

O antissemitismo também influencia o espírito empreendedor. Na Idade Média, os judeus foram impedidos de praticar quase todas as ocupações e funções, exceto aquelas que a Igreja na época considerava imorais ou proibidas aos cristãos, especialmente as funções relacionadas ao comércio envolvendo dinheiro ou a estudos do corpo humano. Assim, eles tiveram de empreender e negociar para sobreviver.

Para ter sucesso, eles também tinham de se instruir. Como minoria oprimida, eles precisavam redobrar suas habilidades e conhecer o funcionamento interno das sociedades "hospedeiras" para as quais o exílio os levaria. O parentesco ou as amizades com membros de outras comunidades (uma forma arcaica do networking contemporâneo) muitas vezes lhes permitiram ocupar altos cargos diplomáticos ou comerciais.

Atuando nos bastidores

Os israelenses costumam ser criticados por desenvolver tecnologias que logo são vendidas. É claro que eles criam pouquíssimas estruturas destinadas a se tornarem líderes mundiais, com uma rede de distribuição voltada para o consumidor final. Assim, apesar de ter excelentes habilidades para o desenvolvimento tecnológico, Israel não é tão competente no marketing. Portanto, em vez de buscar promover o produto por conta própria, é mais fácil para os israelenses cederem as tecnologias a grupos como Apple, Google ou Cisco e lhes confiar o trabalho de disseminação global do produto. É por isso que um malaio compra um telefone Nokia sem saber que seus componentes eletrônicos ou software vêm em grande parte de Israel. Os israelenses trabalham, sobretudo, nos bastidores.

A sociedade Teva*, que produz e comercializa medicamentos genéricos, é uma exceção. Existem outros setores de nicho, como a agrotecnologia com a empresa Netafim**, que é líder mundial em soluções de gerenciamento de água para agricultura e inventora do primeiro sistema de irrigação por gotejamento, e também a Check Point***, como vimos anteriormente, com suas soluções de segurança de sistemas de informação.

Derrube os muros ou passe por cima deles

Israel costuma sofrer de um problema de percepção em todo o mundo. A fim de remediar essa situação e, por conseguinte, agir indiretamente sobre o empreendedorismo, foi lançado um orçamento excepcional de 100 milhões de NIS (New Israeli

---

* www.tevapharm.com/
** www.netafim.com/
*** www.checkpoint.com

Shekel), o equivalente a 20 milhões de euros, dez vezes mais do que o orçamento ordinário de comunicação do Ministério de Negócios Estrangeiros.

Entre os nichos em que Israel tem uma vantagem comparativa, que são foco da política de marketing utilizando a "marca de Israel", ciência e tecnologia se encontram em primeiro lugar.

Além disso, embora a percepção de Israel possa às vezes representar problemas ideológicos ou políticos em alguns mercados, existem maneiras de contornar esses obstáculos. O fundo de investimento Catalyst investiu, por exemplo, no grupo israelense Dori Media, que produz telenovelas, uma especialidade sul-americana, e que tem vários canais temáticos na Malásia e na Indonésia, dois países que não possuem relações diplomáticas com Israel. O canal passa por uma subsidiária suíça para transmitir novelas. Direta ou indiretamente, as empresas israelenses têm se estabelecido cada vez mais nos países muçulmanos. Segundo Harith al-Dhari, chefe da Associação Ulemás de Muçulmanos no Iraque, pelo menos setenta empresas israelenses operam no Iraque em vários campos, como infraestrutura e marketing, sob a alçada de empresas árabes ou europeias. O espírito empreendedor israelense é passar por cima dos muros, contorná-los ou derrubá-los.

UM CASO QUE REPRESENTA BASTANTE O EMPREENDEDORISMO DE ISRAEL:
A GIVEN IMAGING

PillCam®, uma inovação da Given Imaging*, é um exemplo entre muitos outros de transferência tecnológica do conhecimento militar para o domínio civil, pois seu inventor, um ex-engenheiro de mísseis, combinou seu conhecimento com o de um médico.

---

* www.givenimaging.com

A Given Imaging foi iniciada em 1998 por engenheiros da Rafael Development Corporation, uma empresa estatal israelense de armas e líder no setor de mísseis. A sede, a fabricação e as instalações de P&D da empresa estão localizadas em Yoqeneam, Israel, e as subsidiárias se encontram nos Estados Unidos, na Alemanha, na França, no Japão, na Austrália e em Singapura. Em 2001, apenas três anos após sua fundação, a Given Imaging ganhou as manchetes do mundo inteiro com sua inovação médica.

A história dessa empresa começou em 1994. Enquanto trabalhava como engenheiro-chefe de eletro-ótica na Rafael, Gaby Iddan patenteou o conceito básico da cápsula de vídeo ingerível. Em 1996, ele fundou uma empresa especializada em imagens 3D com dois parceiros e se tornou consultor do Sr. Meron, fundador da Given Imaging (GI). Em janeiro de 1998, a GI assinou um acordo com a Rafael. A empresa vendeu o Project Imaging para a Given Imaging e lhe concedeu uma licença exclusiva para usar sua tecnologia. O acordo estipulava que a Rafael transferiria para a Given Imaging o *know-how* e a propriedade intelectual do projeto, incluindo pedidos de depósitos e patentes, protótipos, desenhos, design e outras informações técnicas relevantes usadas dentro da Rafael para o projeto. A tecnologia foi transferida para a Given Imaging imediatamente após a assinatura do contrato por US$ 30 mil.

Além de demonstrar a importância em Israel da transferência das tecnologias de origem militar, a Given Imaging é, acima de tudo, uma startup israelense que se beneficia do espírito israelense. Segundo um executivo da empresa, "O espírito israelense é a improvisação. Às vezes improvisar é negativo, às vezes é positivo. Neste mundo de alta tecnologia, improvisar é positivo".

Em 1966, o filme de ficção científica *Fantastic Voyage* mostrou um submarino de alta tecnologia miniaturizado que é injetado no sangue de uma pessoa para atravessar todo o seu corpo. Era apenas ficção científica... No entanto, a sociedade israelense de imagens transformou essa ficção em realidade. Como no filme, a Given Imaging realizou uma jornada que ninguém imaginaria que seria possível um dia: após inserir um sistema de mísseis em uma cápsula em miniatura, ela conseguiu navegar na corrente sanguínea e tirar fotos. Assim nasceu a cápsula PillCam para endoscopia, o primeiro dispositivo não invasivo ingerível para estudar distúrbios gastrointestinais.

A cápsula em si (11 mm × 26 mm) consiste em câmeras de vídeo em miniatura e tem o tamanho semelhante ao de um comprimido grande. Quando ingerida pelo paciente, ela captura imagens de seu sistema digestivo. Ela também incorpora uma combinação miniaturizada de transmissores, um chip de imagem fotográfica, um transmissor, uma bateria e, por último, um diodo emissor de luz.

A cápsula para endoscopia é utilizada como um procedimento menos invasivo para auxiliar ou complementar endoscopias tradicionais, que requerem um tubo longo e fino inserido no reto e passando pelo cólon, ou introduzido pela boca até o estômago e o intestino delgado, como meio de visualização mecanicamente assistida. A tecnologia é usada por gastroenterologistas para diagnosticar a doença de Crohn, úlceras gástricas e câncer de cólon.

Como a cápsula é ingerida e cruza todo o trato digestivo, o procedimento demora mais do que a endoscopia tradicional. As imagens são de boa qualidade, comparáveis às tiradas pelos riflescópios, e os testes provaram uma alta sensibilidade para a detecção de lesões. Pesquisas anteriores já haviam mostrado que a cápsula era capaz de detectar sinais que não eram percebidos em uma endoscopia tradicional.

Atualmente, a cápsula fotográfica é usada principalmente para visualizar o intestino delgado. Enquanto o trato digestivo superior (esôfago, estômago e duodeno) e o cólon (o intestino grosso) podem ser facilmente visualizados com riflescópios (câmeras colocadas na extremidade de tubos flexíveis), nenhum aparelho de endoscopia tradicional é capaz de navegar totalmente pelo intestino delgado, que é muito longo (mais de 6 metros) e muito sinuoso. "Nossa cápsula proporciona aos médicos a capacidade de realizar exames desta maneira pela primeira vez. Antes da Given Imaging, ninguém conseguiu colocar essas imagens na tela. Mas não confunda inovação com progresso. Prefiro usar o termo tecnologia disruptiva para nossa inovação", explicou Jean-Paul Durand, ex-CEO da Given Imaging France.

Essa startup criativa, considerada "uma das crianças prodígio" do setor de alta tecnologia de Israel, foi comprada em 2014 pela empresa Covidien, norte-americana e irlandesa.

6. A circulação da informação

A inteligência econômica é um modo de pensar que nos permite interpretar informações para agir e também um modo de ação para compartilhar informações em benefício do desempenho. Ela possibilita passar da adaptação para a antecipação e oferecer aos gerentes de startups não apenas cenários potencialmente realizáveis, mas também decodificações e esquemas mentais para melhor administrar a incerteza e a complexidade. É também um conjunto de princípios, muitas vezes de bom senso, que torna possível não subestimar a competição e adotar certa forma de modéstia intelectual. Diante da crescente concorrência da Rússia, Índia e China, os países industrializados buscam aproveitar e lucrar com as informações técnicas, já que a gestão estratégica da informação se tornou um dos principais estímulos do desempenho geral de empresas e nações. Ademais, para preservar a soberania, a contrainteligência econômica é imprescindível para as nações. Proteger e manter a competitividade econômica é uma preocupação crescente para muitos governos.

Cada Estado se esforça para desempenhar um papel vital na definição das principais orientações estratégicas, essenciais aos seus negócios e ao sistema de informação nacional. É por isso que o apoio, em termos de informação econômica (especialmente na área das exportações), geralmente se enquadra em serviços que dependem de alguma forma de instituições governamentais.

A análise comparativa da inteligência econômica nas economias mais competitivas mostra que as grandes potências desenvolveram, há muito tempo, sistemas de inteligência econômica que lhes permitiram aumentar sua participação no mercado, ao mesmo tempo que preservavam seus empregos.

No atual contexto de competição exacerbada, a análise dos sistemas estrangeiros de maior sucesso é uma necessidade para os israelenses. O ambiente competitivo mais agressivo dos últimos anos (preços mais baixos, globalização, avanços tecnológicos) favoreceu o surgimento e a formalização da inteligência econômica e competitiva para os israelenses, um dos segredos de sua competitividade.

A atitude da inteligência israelense está relacionada à cultura, como em toda parte. Observa-se que as práticas de inteligência econômica têm suas raízes na história e cultura judaicas e são, na maioria das vezes, a expressão de uma mistura de ambição e solidariedade nacional. Todos os israelenses sabem que a sobrevivência de sua nação depende de sua capacidade de observar e compreender seu ambiente imediato, mas também de transformações que afetam o Oriente Médio e, de maneira mais geral, de novos paradigmas trazidos pela globalização. Como resultado, o sistema de inteligência econômica de Israel tem suas próprias características, que, quando inseridas no contexto do sucesso do Vale de Israel, assumem seu pleno significado e dimensão.

O caso de Israel é muito semelhante ao da Suécia, que compensou suas desvantagens geográficas e econômicas com um desenvolvimento baseado na engenharia estratégica da informação. As fundações históricas e culturais têm facilitado a formação de parcerias corporativas e também uma cooperação entre empregadores e sindicatos que se tornou famosa.

A VIGILÂNCIA OPERACIONAL

Israel tem um grande trunfo: uma prática natural de inteligência econômica e competitiva. Em apenas alguns anos, o país tornou-se um "Vale do Silício" ligado a muitos outros centros tecnológicos globais em função de sua capacidade de detectar grandes oportunidades e novas tendências. A competência informacional não diz respeito apenas a produtos, clientes, concorrentes, tecnologias ou fornecedores.

Assim, a vigilância operacional também está relacionada à detecção de áreas ignoradas (pontos cegos em que pode ocorrer ruptura estratégica) e de novos entrantes (é mais viável comprar uma startup inovadora barata do que pagar um preço alto por uma sociedade mais ampla e já estabelecida), sempre mirando em negócios passíveis de economias escaláveis.

Além da vigilância operacional, também é necessário ter uma boa compreensão dos diagramas mentais dos parceiros e dos competidores (incluindo a compreensão de perfis psicológicos).

A observação estratégica

A observação estratégica é um dos pontos fortes da vigilância econômica israelense. Uma cultura de vigilância ofensiva é aquela em que todos estão atentos ao ambiente.

110 | O VALE DE ISRAEL

Mais uma vez, a passagem pelo exército dá origem a qualidades que os desmobilizados israelenses, os soldados que deixam o exército ou retornam à vida civil, usam ao ingressar no mundo corporativo.

Essa observação estratégica se baseia nos movimentos hostis provenientes de ameaças externas e na atenção dada aos membros da equipe e sua segurança. Essa abordagem é extremamente pragmática. Em um ambiente inovador, os israelenses frequentemente praticam a engenharia reversa, adquirindo um produto para inspiração sem sofrer do complexo "não inventado aqui". A expressão "não inventado aqui" é uma síndrome de que uma empresa sofreria ao redesenvolver um produto que já existe, sob o pretexto de que não foi projetado ou desenvolvido dentro dele. Isso significa que os israelenses não se sentiriam constrangidos ou incomodados em admitir que um produto que recebeu uma inovação incremental por parte deles não foi inicialmente ali concebido.

Organizar a coleta de informações, otimizar processos de informações precisas e tornar a empresa e seus tomadores de decisão mais inteligentes e voltados para a ação são ferramentas de vantagem competitiva que garantem a viabilidade da empresa a longo prazo. Esse é o caso dos israelenses, que, assim como os chineses, que começaram com simples imitações, coletam o máximo de dados possível em feiras e mostras industriais e comerciais. Assim, os gerentes de negócios compram muitas amostras e seguem cuidadosamente a evolução dos catálogos.

Em todas as feiras e salões internacionais relacionados à segurança, como é o caso da Exposição Internacional Milipol em Paris, que é estritamente reservada aos profissionais que trabalham no campo da segurança interna dos países, as empresas israelenses estão presentes e seus stands são muito procurados.

Abertura e descompartimentalização

Lembramos que o escudo humano israelense é forte devido à imigração e à cultura internacional: no Estado judeu, é natural falar várias línguas, normalmente três (hebraico, inglês, até mesmo árabe, e uma língua de família ou a aprendida na escola). Assim, a coesão cultural israelense, aliada à inventividade que multiplica as origens cosmopolitas da população, promove um intenso e rápido fluxo de informações.

Neste contexto, a noção de serendipidade, de fazer uma descoberta por acaso, caracteriza o comportamento da sociedade israelense, na qual a proximidade geográfica, o multiculturalismo e a cultura de redes de relacionamento favorecem trocas, encontros inesperados e oportunidades espontâneas de crescimento. Assim, o multiculturalismo encontra em Israel uma realidade concreta: oitenta línguas praticadas por homens e mulheres de 130 países diferentes, que vivem, compartilham e trabalham juntos.

Porém, talvez esse multiculturalismo não encontrasse uma realidade concreta tão forte sem o apoio de uma organização como a Agência Judaica, criada em 1929. Originalmente um governo de fato para a população judaica na Palestina mandatária, hoje a associação é um órgão governamental encarregado da imigração no seio da diáspora e da recepção de novos imigrantes. Essa organização única no mundo gerou a imigração de milhões de pessoas, sendo apoiada em sua missão por muitas outras associações. Uma das mais importantes, a Nefesh B'Nefesh*, encoraja a imigração de judeus da América do Norte e do Reino Unido. Fundada em 2002, sua principal missão é limitar as dificuldades financeiras, profissionais, logísticas e sociais enfrentadas por novos imigrantes em sua chegada a Israel.

---

* www.nbn.org.il/

112 | O VALE DE ISRAEL

De maneira mais global, o Estado conhece muito bem as consequências de lidar com divisões obsoletas. As noções teóricas de solidariedade, e hospitalidade encontram em Israel uma realidade concreta. Durante a Guerra do Líbano, até 10% da população israelense se mobilizou para se proteger dos mísseis do Hezbollah. Algo que em outros lugares poderia ter causado enormes problemas logísticos foi resolvido da seguinte forma: todos abriram suas casas, aceitando abrigar desconhecidos.

O Sar-El* foi criado pelo general Aharon Davidi em 1982, durante a primeira guerra do Líbano. Em abril de 1982, como a maioria dos civis tinha sido convocada, a colheita de laranjas não poderia ser realizada. Muitos voluntários vindos do exterior para manifestar solidariedade a Israel substituíram na colheita os israelenses que estavam na frente de batalha. Assim nasceu o Sar-El, que, desde então, possibilitou a acomodação de 200 mil civis voluntários, jovens ou aposentados, que servem em funções logísticas diversas dentro das bases militares israelenses. Os voluntários, a uma média de 4 mil por ano, normalmente servem por três semanas, e alguns por mais de vinte anos. Após essa experiência e a interação criada com os soldados, muitos decidem fazer a *alyah* e às vezes até mesmo se alistar. Aharon Davidi, que morreu em 2012, foi o fundador da unidade 101, a primeira unidade de forças especiais da história do exército israelense, juntamente com Ariel Sharon e recebeu o prêmio Israel não por suas conquistas militares, mas por sua contribuição social graças a Sar-El.

A apreciação do secreto

As agências israelenses de inteligência são reconhecidas globalmente por suas habilidades em questões de segurança. Em 1967, após a Guerra dos Seis Dias, a França do general De

---

* https://www.sar-el.org/

Gaulle decretou um embargo à venda de armas a Israel, deixando de honrar um acordo de armas que tinha com Israel. Cinco embarcações do tipo *vedette* que estavam guardadas no porto comercial de Cherbourg foram levadas pelo Mossad, o serviço secreto do Estado de Israel, que se disfarçou como uma empresa de navegação norueguesa fictícia.

Esse reconhecimento internacional certamente tem origem nas famosas operações dos momentos mais gloriosos do Mossad, como o sequestro do criminoso de guerra nazista Adolf Eichmann ou os atos heroicos de um dos mais famosos agentes secretos, Eli Cohen.

Alternando entre organizador de exfiltração no Egito, comerciante árabe na Argentina e conselheiro militar na Síria, onde chegou a ser cotado para uma posição de assistente do Ministério da Defesa, Eli Cohen repassou muitas informações estratégicas para o Estado de Israel antes de ser desmascarado pelas autoridades sírias e executado em praça pública. Suas contribuições foram decisivas para o resultado da Guerra dos Seis Dias. Em particular, ele conseguiu visitar as fortificações sírias nas colinas de Golã e informou ao serviço secreto israelense a disposição dos *bunkers* e das bases do fogo sírio. Ele sugeriu aos oficiais sírios que plantassem eucaliptos ao redor dos *bunkers*, afirmando que as árvores serviriam de abrigos naturais para os postos avançados. Isso permitiu que os soldados do IDF localizassem os *bunkers* com facilidade no bombardeio durante o conflito. Herói em Israel, hoje há ruas, jardins e até mesmo uma aldeia no Golã que levam seu nome.

Essa apreciação do secreto é onipresente no exército. Cada documento militar é classificado de acordo com um nível de confidencialidade. Jovens recrutas servindo em unidades especiais como o *Sayeret Matkal* (contraterrorismo e inteligência militar), o Shaldag (Comando da Força Aérea) ou o Shayetet

114 | O VALE DE ISRAEL

(Forças Navais Especiais) não falam delas para pessoas próximas e nem mesmo para seus familiares.

Em termos de vigilância e inteligência, Israel desenvolveu uma excelente capacidade de detectar sinais fracos que serão sujeitos a interceptações de antecipação e contribuem para o desenvolvimento da estratégia de defesa e desenvolvimento de recursos vitais.

Essa habilidade também se reflete em termos de inteligência econômica. Muitos israelenses foram treinados em serviços de inteligência do exército e do Mossad. Eles desenvolveram a competência específica de coletar e processar informações confidenciais, algo extremamente útil e facilmente transferível para o contexto de sua atividade profissional. Check Point, ICQ, NICE, AudioCodes e Gilat são todas empresas israelenses no setor de alta tecnologia que têm uma coisa em comum: a maioria de seus líderes e funcionários passaram pela unidade 8200 durante o serviço militar. Muito famosa em Israel pela sua eficácia, essa unidade, em essência discreta, é responsável pela coleta de inteligência de origem eletrônica e eletromagnética, mas também possui uma unidade especializada em criptografia (codificação e decodificação). Ela tem especialistas de alto nível na exploração de vulnerabilidades, também conhecidos como hackers, e alguns deles realmente eram hackers antes de serem descobertos pelo exército. A unidade 8200 é, de certa forma, equivalente à NSA (Agência Nacional de Segurança) dos Estados Unidos, mas a unidade norte-americana é totalmente integrada ao Ministério da Defesa.

Unidade 8200, Talpiot* e Mamram** são nomes míticos, mas acima de tudo são unidades de elite submersas em pedidos de jovens querendo se juntar a elas e que aceitam apenas os

---

* Talpiot é um programa de elite de treinamento e formação das Forças de Defesa de Israel. (*N. da T.*)
** Mamram: abreviação em hebraico do Centro de Sistemas de Informação do exército israelense. (*N. da T.*)

A CIRCULAÇÃO DA INFORMAÇÃO | 115

melhores. Apesar do treinamento difícil em bases inóspitas nos desertos da Judeia ou do Negev, eles têm em mente o sucesso de seus predecessores em alta tecnologia. Na Glilot, a base da unidade nos subúrbios de Tel Aviv, o resultado é a criação de equipes informais, mas extremamente competentes, de empreendedores uniformizados.

A exportação de conhecimento antiterrorista

Em matéria de contraterrorismo, Israel adquiriu grande *expertise*, e o conhecimento acumulado nesse campo tem sido amplamente buscado após os ataques de 11 de setembro de 2001 nos Estados Unidos. Se há trinta anos os estrangeiros pensavam nas laranjas de Jaffa quando evocavam Israel, hoje é mais fácil se lembrar de drones e métodos antiterroristas. O país tem uma longa experiência nesse campo, enfrentando-o desde as primeiras horas de sua existência.

Quando as medidas criadas por Israel logram bloquear certos ataques, os terroristas inventam novas maneiras de infligir danos aos alvos. Assim, após uma série de sequestros nos anos 1960, que forçaram Israel a aumentar sua segurança aérea, os terroristas atacaram as embaixadas. Depois que sua segurança foi melhorada, os terroristas começaram a focar em mercados, ônibus e pedestres de cidades israelenses. As táticas antiterrorismo devem, portanto, se adaptar constantemente a novas formas de ataque e tentar antecipar métodos futuros. De acordo com um ex-diretor do serviço secreto israelense, o Mossad, "lutar contra o terrorismo é como o boxe — você ganha no murro".

A tática rudimentar, mas muito eficaz, do ataque terrorista suicida foi iniciada pelo Hezbollah. Em 23 de outubro de 1983, pela primeira vez, um duplo atentado suicida com caminhões-

-bomba contra um quartel causou a morte de 241 soldados norte-
-americanos e 58 franceses. Onze anos depois, em 6 de abril de
1994, o Hamas retomou a tática, e um carro explodiu em um
atentado suicida perto de um ônibus israelense lotado, na cidade
de Afula. Desde então, todos os grupos terroristas recrutaram,
doutrinaram e equiparam centenas de homens e mulheres.

Então, Israel aprendeu ao longo dos anos a enfrentar essa
ameaça permanente e a desenvolver técnicas para lidar com
essas situações. No entanto, a experiência histórica mostrou
que é um fenômeno tenaz e que, ao contrário das guerras, a
vitória total é quase impossível.

Os israelenses se tornaram especialistas nesse campo e
abriram institutos nos quais agora ensinam essa disciplina.
O Centro Interdisciplinar* de Herzliya (CIH) é uma das
referências no campo e atrai anualmente milhares de estudantes
israelenses, estrangeiros ou novos imigrantes, ávidos por
assimilar suas técnicas. O CIH, que é uma grande universidade,
abriga o Instituto Internacional de Contraterrorismo, e
muitas personalidades participaram ou ainda participam das
operações mais delicadas. Em setembro de 2016, o instituto
sediou sua 16ª Cúpula Mundial de Contraterrorismo.

Fundado em 1996, o CIH é uma academia universitária líder
no ensino de métodos de contraterrorismo em todo o mundo,
ao mesmo tempo que facilita a cooperação internacional. É um
think tank independente, que fornece *expertise* em terrorismo,
antiterrorismo, segurança nacional, vulnerabilidade, avaliação
de risco e análise de políticas de defesa.

Os Estados Unidos foram os primeiros a buscar o ensino de
Israel nessa área. Ambos os países são, de fato, os principais
alvos dos extremistas islâmicos, e as lições aprendidas pelos

---

* http://portal.idc.ac.il

israelenses são usadas pelos norte-americanos em sua campanha contra os terroristas. Ao mesmo tempo, eles estão expostos a diferentes desafios de segurança: enquanto a sobrevivência de Israel está em jogo na luta contra os terroristas, seu impacto não tem as mesmas dimensões nos Estados Unidos.

O Instituto Internacional de Contraterrorismo trabalha para mobilizar e exportar seu conhecimento para o máximo possível de países, organizando mensalmente seminários e conferências em todo o mundo a fim de aumentar a conscientização dos líderes e dos especialistas nacionais em terrorismo.

Redes e networking

Os israelenses se *"tutoient"** facilmente, aproximando-se uns dos outros com muita facilidade. Eles não consideram a troca de ideias uma ameaça, mas uma vantagem, e entendem que o melhor ganha! Competir não impede você de querer ser um bom cidadão em sua comunidade. Viver em um pequeno país cercado por grandes vizinhos cria um forte senso de responsabilidade e de solidariedade mútua.

Assim, os israelenses são bem-sucedidos no quesito de networking (capacidade de construir redes e mantê-las). De acordo com uma pesquisa publicada pela Comscore, Israel é um dos países onde se passa mais tempo nas redes sociais. De fato, são pelo menos 3,4 milhões de usuários (quase metade da população do país) que navegam constantemente em sites como Facebook, Twitter ou LinkedIn. Os profissionais não

---

* Termo utilizado para descrever o tratamento mais informal entre pessoas que se conhecem e com as quais se tem mais proximidade. Na França, quando não se conhece uma pessoa, você nunca inicia um tratamento de maneira informal, e sim chamando-a por *"vous"*. Então, para pessoas não próximas, utiliza-se o *"vouvoyer"*. (*N. da T.*)

ficam de fora, já que, sem nunca terem pisado na França, muitos executivos israelenses detêm uma grande quantidade de informações sobre o mercado francês, graças às suas redes de contatos e negócios que lhes permitem observar a evolução do mercado a um menor custo.

As redes sociais israelenses são criadas em todos os setores de atividades e cruzam fronteiras. Existem muitas atividades de networking nos setores acadêmico e empresarial, mas também na esfera religiosa. Por exemplo, mais de 400 israelenses se formaram no prestigiado Instituto Europeu de Administração de Empresas (INSEAD), em Fontainebleau, o que lhes permitiu posteriormente formar uma rede de pessoas mais unidas.

Na esfera religiosa, os Beth'Habad (centros comunitários judaicos), espalhados pelo mundo em centros urbanos, subúrbios e outros *campi* universitários, constituem uma rede única que atende às necessidades da comunidade judaica, oferecendo serviços religiosos, cursos sobre a Torá e também a recepção de turistas ou empresários em torno de uma refeição do Shabat.

Por exemplo, o Digital Life Design (DLD) é um exemplo notável de um evento de networking internacional com uma alta proporção de participantes israelenses. De fato, mais de 40% dos participantes do evento, que atrai todos os anos muitos investidores, inovadores e líderes econômicos da Europa, Oriente Médio, Estados Unidos e Ásia, são israelenses. Originalmente organizado em Munique, na Alemanha, o evento foi realizado por Yossi Vardi em Tel Aviv em 2011, tendo estado sob sua tutela desde então.

Alguns eventos também favorecem essas transferências de informações: desde 2011, a embaixada da França em Israel organiza o seminário Doing Business with France para divulgar o mercado francês, suas particularidades e suas vantagens às empresas israelenses propensas a investir na França e criar parcerias frutíferas.

A CIRCULAÇÃO DA INFORMAÇÃO | 119

Em uma escala mais internacional e financeira, o Go4Israel, anteriormente denominado Go4Europe, é uma das mais prestigiadas conferências de negócios israelenses. Organizado pelo banco de investimentos Cukierman & Co Investment House Ltd (CIH) e seu fundo de investimento, o Catalyst Fund LP, o objetivo é duplo: tornar os mercados internacionais conhecidos pelos israelenses e tornar os israelenses conhecidos pelos investidores estrangeiros. Os tópicos da conferência concentram-se nos principais setores da indústria: ciências biológicas, tecnologias de informação e comunicação (TIC), energias renováveis e finanças (fusões e aquisições, mercados de capitais e de investimento).

Parte dos 4 bilhões de euros em transações feitas pelo CIH e empresas israelenses no exterior nasceu durante reuniões formais ou informais em torno do Go4Israel. A 13ª edição, realizada em 26 de outubro de 2015 no Hilton Tel Aviv, reuniu mais de 1.200 participantes, incluindo cerca de 400 representantes europeus e delegações dos países do BRIC5 (em especial Rússia e China). Ao longo dos anos, políticos israelenses e internacionais como Ariel Sharon, Ehud Olmert, Benjamin Netanyahu e Ronnie C. Chan abriram a conferência, que conta com a participação de líderes de empresas estrangeiras no debate, a exemplo de Calyon, Everbright, Propriedades Lung Hang, Credit Agricole, Credit Suisse, Nokia, Deutsche Telekom, PricewaterhouseCoopers, Deloitte, London Stock Exchange, Mishcon de Reya, Alcatel, Schneider Electric, Colony Capital, Publicis, Rothschild, SEB Asset Management, Sanofi-Aventis, Novartis e NYSE Euronext.

Em 2018, a 21ª edição do evento Go4Israel foi realizada em Foshan, na China. O objetivo foi internacionalizar a conferência para ampliar também a internacionalização da alta tecnologia israelense. Durante o evento, mais de 1.200 empresas participaram, incluindo mais de quinhentos investidores chineses e cem dentre as mais inovadoras empresas de Israel. Foram organizadas mais de oitocentas reuniões entre investidores chineses, incluindo executivos da Alibaba, e empresas israelenses.

No início de 2019, a Conferência Europeia de Ciências Biológicas da GoforIsrael@Sachs, dedicada exclusivamente às ciências biológicas, foi realizada pela primeira vez na Suíça. Com grande sucesso, contou com mais de 250 participantes, incluindo cinquenta empresas israelenses do setor de ciências biológicas.

A 22ª edição do evento Go4Israel ocorreu em maio de 2019, em Jinan, na China. A 23ª edição será em Tel Aviv, Israel, em dezembro do mesmo ano, quando irá reunir os principais investidores globais e as melhores oportunidades de Israel, abordando questões atuais relacionadas à captação de recursos e ao estabelecimento de alianças estratégicas em nível global.

7. As incubadoras tecnológicas

Convicto de que o futuro econômico do país dependia e continuaria dependendo em grande medida do sucesso de suas indústrias de tecnologia, o Estado de Israel lançou um programa abrangente de capital de risco, promovendo a inovação tecnológica: o programa nacional de incubadoras tecnológicas.

Esse programa, que é um "cadinho" de sucesso e inovação, representando a cultura israelense, sua mentalidade e seu espírito pragmático e solidário, permite que qualquer novo empreendedor com uma ideia de inovação possa transformá-la em um produto. O programa fornece um ambiente logístico e apoio financeiro para iniciar a produção, a comercialização e a exportação. A ideia deve ser nova e única e oferecer um produto orientado a um mercado, enraizado em P&D, e ser de interesse significativo para esse determinado mercado. A ideia é submetida a um estudo global muito rigoroso antes de se tornar operacional.

AS CARACTERÍSTICAS ESPECIAIS DO PROGRAMA DE INCUBADORAS DE ISRAEL

O programa israelense de incubadoras foi concebido para atender às expectativas específicas de uma nação, maximizando o capital humano e convertendo-o em uma vantagem econômica competitiva. O conceito subjacente à criação desse programa é o seguinte: devido à riqueza de seu conjunto único de recursos humanos, que tem origem na sua história e paradoxalmente na sua situação de país em guerra, Israel não pode se dar ao luxo de ver boas ideias caírem no esquecimento por falta de meios para sua aplicação.

Inicialmente voltado para novos imigrantes de origem russa, o programa foi rapidamente estendido a todos os israelenses que desejam transformar suas ideias em produtos, pensando em sua viabilidade, novidade e competitividade em função do mercado internacional*. Ele foi concebido a fim de fornecer: o ambiente tecnológico correto; amplo suporte financeiro, prático e logístico; consultoria especializada para marketing; suporte administrativo; e orientação durante a primeira etapa do empreendedorismo, a mais delicada.

Assim, em 1991, o governo israelense criou a Secretaria de Direção Científica do Estado — subordinada ao Ministério da Indústria, Trabalho e Comércio — cuja função é selecionar e apoiar o maior número possível de projetos dentro do limite do orçamento alocado. O ministério especifica que não há campos predeterminados, a menos que uma incubadora especializada decida o contrário. Mas, em geral, as incubadoras se especializam nos seguintes setores de atividade: software; ciências

---

* Israel Ministy of Foreign Affairs. High-Tech Opportunity in Israel. Israel's Foreign Policy — Historical Documents https://www.mfa.gov.il/

AS INCUBADORAS TECNOLÓGICAS | 123

biológicas; equipamentos médicos; meio ambiente; ciências da água; e tecnologias de informação e comunicação, todas sob a responsabilidade de P&D.

O modelo israelense de financiamento de projetos para novas empresas não se enquadra no estado de bem-estar social, já que sua economia sempre foi mista e, com o passar do tempo, a participação pública diminuiu em benefício das empresas privadas. Além disso, o Estado se reembolsa em caso de sucesso, mas não em caso de fracasso. Finalmente, o apoio do governo para a gestão de incubadoras e projetos se concretiza por meio da Secretaria de Direção Científica do Estado, com incubadoras comprometendo sua gestão fiduciária na operação. Essa responsabilidade garante a eficácia de todas as operações. O programa israelense a rigor não pode ser considerado um subsídio de "estilo francês", pois, em vez de substituir os financiamentos privados, ele os estimula e os estrutura, para depois se retirar da operação.

Projetado para atrair capital, o programa nunca competiu com empresas privadas e, ao contrário, facilitou a tarefa em termos de tributação. A estratégia compensou quando as incubadoras mais do que dobraram o investimento inicial do Estado no setor privado.

Essa política de incentivo e apoio concreto faz com que uma eventual falha seja aceita: o risco de encerramento das atividades de uma empresa que deixa a incubadora é considerado inerente à sua criação, independentemente dos esforços realizados a montante. Assim, as incubadoras permitem o desenvolvimento de um aspecto menos perceptível a olho nu, mas realmente benéfico para a empresa: o contato com as demais empresas startup em incubação, tecendo um elo social e, portanto, uma rede à qual será possível recorrer mais adiante. O projeto geralmente fica na incubadora por cerca de dois anos, ou até três para projetos de biotecnologia.

Princípios

Quando uma startup passa por uma incubadora nacional, o reembolso do Estado, em caso de sucesso, é operado por um sistema de royalties, calculado como porcentagem das vendas (aproximadamente 3% do faturamento). Há cerca de 200 projetos em andamento nas várias incubadoras. Mais de 1.500 projetos amadureceram nelas; 57% deles atraíram investidores privados, e 41% ainda estão ativos.

A evolução rumo à privatização

Antes do lançamento do programa de especialização, as incubadoras eram sem fins lucrativos. Elas geralmente pertenciam a universidades de prestígio, comunidades locais ou indústrias. Suas despesas com instalações e administração eram arcadas pelo governo com o Office Chief Scientist (OCS)*. Cada incubadora era subsidiada por quase US$ 200 mil por ano para sua operação, valor assumido pelo Estado por meio do OCS.

A marcha rumo à privatização foi vista como uma revolução dentro do programa nacional de incubação de tecnologia, trazendo renovação. As incubadoras iniciaram um processo de transformação financiado por investidores profissionais experientes, com uma forte rede de contatos capaz de oferecer às suas empresas incubadas um poderoso desenvolvimento nos negócios. Devido à presença e ao envolvimento de investidores privados em busca de resultados significativos, as incubadoras tinham de demonstrar um histórico comprovado de desenvolvimento de empresas que atraíram grandes quantidades de fundos de capital de risco após o período de incubação ou até mesmo antes disso.

---

* www.matimop.org.il/ocs.html

Em 2001, a pedido de Nathan Sharansky, então ministro da Indústria, Yair Shamir realizou uma análise do desempenho das incubadoras. As conclusões foram categóricas: privatizar incubadoras aumentaria as chances de sucesso dos projetos, e atores e profissionais da área seriam necessários para acompanhá-los.

Em 2002, na esperança de obter melhores resultados para o programa, o OCS lançou o programa de privatização com o objetivo principal de fortalecer as capacidades profissionais e financeiras das incubadoras. Essa fase de privatização foi orquestrada com grande rigor pelo Estado. Rina Pridor, fundadora e gerente do programa por dezoito anos, declarou, antes de deixar o cargo, em 2009: "Estávamos procurando fundos que realmente trabalhassem para fazer de um projeto um verdadeiro sucesso, a ponto de colocar seus funcionários à disposição das empresas."

Durante o programa de privatização, as incubadoras se tornaram corporações com fins lucrativos. Seus novos acionistas incluíam fundos de capital de risco, investidores privados, empresas de investimento, empresas de alta tecnologia, autoridades locais e universidades.

A criação de incubadoras privadas destinadas a atender às necessidades tecnológicas únicas de cada segmento ou setor de atividades, considerando sua gestão e suas equipes, teve de se especializar total ou parcialmente.

Com a privatização, veio a capacidade financeira, e os negócios voltados para investidores foram encorajados. Esses proprietários, buscando agregar valor às startups, proporcionaram-lhes uma orientação aprimorada, assistência funcional e apoio à captação de recursos, vinculando-os a parceiros estratégicos ou redes.

126 | O VALE DE ISRAEL

As incubadoras privadas oferecem oportunidades valiosas aos investidores, permitindo que adquiram insights interessantes, experimentem aumentos significativos de valor e tenham uma visão geral das empresas estabelecidas dentro da incubadora. Todos esses benefícios foram alcançados com baixo risco, graças à grande soma fornecida pelo governo para o investimento inicial.

A gestão, a mentoria (a presença de um mentor acompanhando os empreendedores) e a orientação fornecida pelos proprietários da incubadora, com a assistência da equipe de gestão, ativou os principais passos para atrair novos investidores. Essas etapas incluem o sucesso da tecnologia e/ou a viabilidade do produto, as vendas/prévias comerciais, a preparação de um plano de negócios validado e, finalmente, o recrutamento de uma equipe.

Divisão de startups

Segundo o relatório fornecido pela organização de inovação de Israel*, a Divisão de Startups fornece uma gama de ferramentas que apoiam empresas tecnológicas em seus estágios iniciais e as auxiliam no desenvolvimento de produtos, elevando o capital inicial e avançando para as vendas. A Divisão também atua no fortalecimento do ecossistema empreendedor tecnológico israelense, especialmente em campos emergentes.

Os programas da Divisão incluem: Programa Tnufa**, Programa de Incentivo às Incubadoras, Empresas em estágio inicial e Laboratórios de Inovação. Em 2018, 213 startups receberam suporte financeiro total de aproximadamente 400 milhões de NIS (Novo Shekel Israelense). A subvenção média

---

* https://innovationisrael.org.il/en/sites/default/files/2018-19_Innovation_Report.pdf
** O Programa de Incentivo de Ideação (Tnufa) foi projetado para empreendedores iniciantes desenvolverem e validarem conceitos tecnológicos inovadores. (*N. da T.*)

concedida a empresas startups foi de 1,9 milhão de NIS. Em 2018, havia 19 incubadoras de tecnologia operando em todo o país, das quais 12 apoiavam empresas da área de ciências biológicas. Ademais, 73 empreendedores receberam apoio como parte do Programa Tnufa, e cinco laboratórios de inovação começaram a operar nas áreas de fabricação avançada, transporte, construção, tecnologia de alimentos e materiais avançados.

Funcionamento das incubadoras

Cada incubadora é liderada por um gerente geral qualificado e experiente. Ela é administrada por um conselho de desenvolvimento de políticas formado por profissionais da indústria, empresas e instituições acadêmicas. Além disso, há um comitê de projeto formado por executivos seniores de empresas e da indústria, gerentes de P&D de empresas de alta tecnologia, professores universitários e institutos acadêmicos e, por fim, figuras públicas envolvidas na fase de seleção de projetos e depois nas funções de monitoramento, orientação e consulta durante o período de incubação.

Todas as incubadoras fornecem instalações e infraestrutura adequadas para os empreendedores realizarem suas atividades de P&D, fornecendo também apoio financeiro, tecnológico e administrativo.

Quando um projeto é aprovado, é estabelecida uma empresa anônima independente que opera da mesma maneira que uma empresa comercial. Os projetos são então transferidos para as instalações da incubadora, onde instalações específicas são disponibilizadas ao projeto incubado. Para serem selecionados, os projetos devem ser baseados em uma ideia tecnologicamente inovadora de um empreendedor (não de uma empresa) e precisam de P&D. O objetivo é desenvolver produtos com potencial de exportação.

128 | O VALE DE ISRAEL

Para cada projeto, uma equipe de três a seis funcionários é recrutada e conta com a assistência da gerência da incubadora. Os projetos aceitos pelas incubadoras permanecem lá por até dois anos, exceto, como vimos, os projetos de biotecnologia que se beneficiam de mais um ano. Espera-se que, durante esse período, a startup alcance um avanço considerável (por exemplo, desenvolver um protótipo e um plano de negócios ou uma definição clara do produto, com evidência da sua viabilidade tecnológica), tornando a empresa capaz de se beneficiar de investimentos comerciais e/ou do envolvimento de um parceiro estratégico.

Cada incubadora é estruturada para suportar de dez a 15 projetos simultaneamente, com uma média de três a oito projetos absorvidos a cada ano.

Google Israël

Fonte: www.IsraelValley.com

A Google foi fundada em 1998 no Vale do Silício, na Califórnia, por Larry Page e Sergey Brin. A missão da Google é "organizar informações globalmente e torná-las universalmente acessíveis e úteis".

Em 2005, a Google Israël foi fundada por Yoelle Maarek, assistida por Meir Brand. O desafio foi grande. Era quase uma startup, como se cada subsidiária da Google fosse uma só. Depois de Zurique, Israel é o maior centro de pesquisa da Google fora dos Estados Unidos. Devemos às equipes israelenses o Google Suggest e um grande número de serviços que foram implantados no Google, como *Priority Inbox* ou ainda *Got The Wrong Bob*. A especificidade desse centro de pesquisa é não ter um roteiro definido e seguir as ideias dos engenheiros recrutados para encontrar novas ideias que revolucionem a empresa.

Os israelenses são especializados em quatro áreas: Pesquisa, Google Apps, Rede e Analytics.

A Google abriu, em cooperação com outras empresas multinacionais, uma incubadora para empresas israelenses que abriga vinte novas empresas capazes de se manterem sozinhas depois de apenas alguns meses. A Google Israel fornece consultoria para iniciantes em matéria de serviços públicos e infraestrutura essencial, como escritórios, salas de reunião, acesso à internet, suporte jurídico e marketing do Google, bem como consultoria de profissionais.

NGT, a incubadora judaico-árabe*

A incubadora NGT (New Generation Technology) é duplamente interessante no contexto de um estudo global de economia israelense. Primeiramente, ela é um bom exemplo do programa governamental de incubadoras de empresas. E, em segundo lugar, ela representa um caso único no contexto econômico do Estado hebreu: é a primeira e, portanto, a única incubadora judaico-árabe de Israel.

Na origem da ideia, Sarah Kramer e Helmi Kittani, membros do Centro de Desenvolvimento Econômico Judaico-Árabe (CJAED), compartilhavam a mesma visão sobre o potencial dos empreendedores árabes do setor de alta tecnologia. Após a aprovação do governo israelense, graças aos seus primeiros seis investidores (cinco árabes e um judeu), a NGT se estabeleceu em julho de 2002, em Nazaré.

Com um orçamento de US$ 20 milhões, a incubadora distribui até US$ 600 mil em dinheiro inicial por startup, com o governo apoiando 85% do financiamento.

---

* Estudo de caso feito pelos autores em colaboração com Michael Bickart. (*N. do A.*)

Dirigida pelo engenheiro árabe Nasri Said, a NGT é especializada em biotecnologia. Desde a sua criação, ela ajudou vinte empresas, dentre as quais 11 eram árabes, seis eram de judeus e quatro reuniam tanto colaboradores judeus quanto árabes.

A decisão de implantar a NGT em Nazaré é ousada e relevante, dada a distância que separa a cidade da Galileia do coração do Vale do Silício israelense, que se concentra em torno de Tel Aviv, Herzliya e Haifa. Além de sua desvantagem geográfica, Nazaré enfrenta problemas de pobreza relacionados aos seus 66 mil habitantes, o que faz dela a primeira cidade árabe do país. Israel sabe muito bem que a minoria árabe que ali habita tem um nível de educação inferior ao restante da população.

Além do apoio financeiro, a incubadora fornece de 40 a 80 metros quadrados de espaço de escritório para cada projeto, além de cobrir custos indiretos (água, eletricidade, serviços de limpeza, seguros, refeitórios, sala de conferência equipada, serviços de secretariado, serviços jurídicos, serviços de contabilidade, equipamento de escritório, fotocopiadora etc.).

Para a NGT, é uma questão de honra incentivar projetos interessantes, mesmo que às vezes seus autores não tenham habilidades comerciais ou apresentem roteiros imprecisos. No entanto, a NGT não é uma ONG ou agência governamental, e a incubadora vê a cooperação judaico-árabe principalmente como um interesse econômico conjunto, e não como ação política; não se fala em negócios árabes ou judeus. Em Israel, existem apenas empresas israelenses cujos empreendedores podem ser judeus ou árabes ou às vezes os dois ao mesmo tempo. Todos os empresários árabes falam muito bem árabe, hebraico e inglês. Eles são todos graduados em universidades israelenses ou estrangeiras. A ideia da incubadora não é fornecer trabalho para uma cidade desempregada, embora seja verdade que a NGT cria empregos.

Entre os projetos desenvolvidos na NGT, podemos citar a Metallo-Therapy*, que tem desenvolvido um novo método para o diagnóstico precoce e tratamento do câncer e a Rad Dental, que está trabalhando em um dispositivo que vai combater doenças de dentes e gengivas graças a um clicker eletrônico. A Lostam Biopharmaceuticals tem testado uma nova classe de terapias baseadas em proteínas para prevenir e tratar infecções bacterianas resistentes a drogas. Um empreendimento chamado VP-Sign** está criando uma assinatura eletrônica para escritórios, livrando-os assim de toda a papelada. Outra equipe, a Renopharm***, tem cinco patentes nos Estados Unidos para o seu método de tratamento de disfunções endoteliais (afeição de camada interna de vasos sanguíneos).

Atividades apoiadas pela NGT

Com o passar do tempo, fica evidente que poucos empresários árabes tentam iniciar negócios em setores tradicionais da alta tecnologia como as tecnologias de informação (TI), pois elas costumam estar relacionadas à indústria de defesa israelense. Como os árabes muçulmanos israelenses estão dispensados do serviço militar, é difícil para eles entrar nesse mercado, por razões de segurança. Muitos empresários árabes, portanto, dedicam-se mais às ciências biológicas, pois a direção da NGT é composta de graduados desse setor, sendo capaz de avaliar projetos e fornecer contatos úteis para o desenvolvimento deles. É uma vantagem particularmente importante em um país onde a rede social é um pilar da vida profissional.

---

* http://www.metallo-therapy.com/
** http://www.vpsign.com/
*** http://neopharmgroup.com/

Assim, a NGT foi criada com três objetivos básicos: enquanto o seu objetivo fundamental era transformar ideias em empresas rentáveis, ela também foi usada como veículo para integrar a grande minoria árabe à economia nacional e para promover a coexistência entre judeus e árabes. Esse princípio de que o mundo econômico pode mudar as coisas quando a política é impotente tem se tornado muito popular recentemente. O industrial israelense Stef Wertheimer tem sido o defensor dessa ideia. Por isso, não é certamente por acaso que, em 2010, em Nazaré, abaixo do Monte do Precipício, em um terreno com uma vista deslumbrante do Vale de Jezreel, o bilionário de 84 anos colocou a pedra angular de seu futuro parque industrial, o primeiro a ser planejado em uma cidade árabe israelense. Stef Wertheimer explica que "para promover a coexistência entre judeus e árabes e, por consequência, a paz, devemos criar empregos. Quando as pessoas trabalham juntas, não há espaço para violência".

8. O escudo de financiamento da inovação: o capital de risco

Capítulo escrito com a colaboração de Yvon Maier

DE VOLTA ÀS ORIGENS

O financiamento da alta tecnologia por grupos privados remonta ao início dos anos 1960. O grupo Recanati, que então controlava o Banco de Descontos de Israel (BID)*, a PEC e a Clal, lançou várias empresas que experimentaram um tremendo desenvolvimento: Elbit, Elscint, Elron e Scitex. Os irmãos Daniel e Raphaël Recanati contaram com gerentes talentosos que as financiaram: General Dan Tolkovsky, ex-comandante da Força Aérea Israelense, e Uzia Galil, considerados os fundadores da alta tecnologia e cujos filhos espirituais são Efi Arazi (fundador da Scitex) e Yehuda e Zohar Zisapel (fundadores de 29 empresas de alta tecnologia).

Os Recanati foram, portanto, precursores dos investimentos em alta tecnologia em Israel. Eles financiaram a escola de administração da Universidade

---

* https://www.discountbank.co.il/DB/en/discount-group/about-discount-bank

de Tel Aviv e incentivaram a orientação da economia israelense em direção à alta tecnologia. Com a morte dos dois irmãos, seus herdeiros Léon e Oudi acabaram com a unidade do grupo, que hoje é controlado por Eduardo Elsztain e Moti Ben-Moshe. Desde a venda do grupo, a alta tecnologia israelense infelizmente não é mais uma prioridade do BID em favor do investimento internacional.

Da mesma forma, Edmond de Rothschild, o benfeitor que financiou os primeiros imigrantes no final do século XIX, foi o primeiro homem de negócios internacional a investir em Israel, na década de 1960. Em particular, ele desenvolveu notavelmente a área de Cesareia, criando o Israel General Bank e a empresa farmacêutica Plantex, além de ter se tornado presidente e acionista majoritário da Israel European Company, que controlava a ZIM* e 28% das Refinarias de Haifa.

O DESENVOLVIMENTO TECNOLÓGICO POR MEIO DO CAPITAL DE RISCO

A década de 1990 foi uma era revolucionária para a economia israelense. Mas, segundo o professor Daniel Isenberg, os vários desenvolvimentos dos anos 1990 são apenas frutos de um processo construído ao longo dos últimos quarenta anos: "O início dos anos 1970 testemunhou a primeira empresa israelense listada na Nasdaq (em 1972, Elscint, pioneira em imagens médicas), o envolvimento embrionário de um alto nível de capital de risco nos Estados Unidos e, muito significativamente, a criação em Israel, em 1974, do primeiro centro internacional de pesquisa e desenvolvimento da Intel. Em 1977, a influente Fundação BIRD

---

* https://www.zim.com/

foi criada para financiar o desenvolvimento de produtos de tecnologia entre empresas israelenses e norte-americanas.

No início dos anos 1980, havia muitos investimentos de primeira linha em capital de risco e, em 1984, a primeira onda de cotações composta de uma dúzia de projetos de tecnologia israelenses foi avaliada em US$ 780 milhões na Nasdaq.

Em 1993, uma indústria de capital de risco bem-sucedida começou a surgir com o estabelecimento do programa Yozma, que foi iniciado e apoiado pelo governo, e cujo capital era de US$ 100 milhões. Sua missão consistia em criar um setor de negócios viável no país, atuando como um "fundo de fundos" e financiando diretamente as fases de indução de startups de tecnologia. A particularidade dos fundos do Yozma é que esse dinheiro público é alocado por capitalistas de risco privados que tomam decisões sem a intervenção do Estado. Muito rapidamente, em 1997, o Yozma foi privatizado. Yigal Erlich, fundador do Yozma e atual sócio-diretor do programa, explica que hoje o fundo investe em empresas especializadas em comunicação, tecnologia da informação e tecnologias médicas.

Então, os bancos dos Estados Unidos que se estabeleceram nos anos 1990 no mercado israelense facilitaram muito a entrada de empresas israelenses na Nasdaq e a compra delas por grupos norte-americanos. Na abertura do banco Lehman Brothers em Tel Aviv, em 1995, o primeiro-ministro Yitzhak Rabin disse a Harvey Krueger, então vice-presidente do Lehman Brothers, que abriu as portas de Wall Street às empresas israelenses: "Com irmãos como o Lehman Brothers, você não precisa de nenhum outro tipo de irmão." A crise de 2008 e o desaparecimento do Lehman Brothers tiveram, claro, um impacto sobre as empresas israelenses. Órfão do banco, Israel perdeu um grande líder norte-americano dos bancos de investimentos, que era muito importante no mercado financeiro local.

A partir daí, muitos grandes bancos norte-americanos passaram a ocupar um lugar de destaque, especialmente bancos como o Goldman Sachs, Barclays, City Bank, Merrill Lynch e JP Morgan, que fazem a maioria das fusões, aquisições e IPOs de empresas israelenses na Nasdaq, o segundo maior mercado de ações dos Estados Unidos, em volume processado, atrás apenas da Bolsa de Nova York.

Ao final dos anos 1990, Israel começou a se abrir para o mercado europeu. Em 1993, a Astra figurava entre os três principais fundos de capital de risco em Israel. A Astra investiu em nove empresas na fase de lançamento. O maior sucesso do portfólio foi a empresa OTI*. A Astra havia injetado capital inicial quando a OTI registrou uma patente com o primeiro cartão inteligente (tecnologia de chip microprocessador).

Em novembro de 1999, a empresa foi cotada na Alemanha com uma valorização de 110 milhões de euros, chegando a quase 250 milhões de euros nos meses seguintes. Na época, foi a segunda apresentação de uma empresa israelense na Alemanha. Na primeira, o presidente do Deutsche Bank, surpreso com a ideia de introduzir uma empresa israelense em seu mercado, observou que não havia nenhuma empresa não alemã listada em uma Bolsa de Valores fundada em 1585. Isso exemplifica a abordagem da alta tecnologia israelense em finanças; sendo o mercado muito pequeno, a internacionalização é necessária.

O capital de risco em Israel celebrou, em 2017, seu quarto de século. Neste ano, o montante investido em startups e empresas israelenses de alta tecnologia totaliza cerca de US$ 15 bilhões. O setor de alta tecnologia responde atualmente por 10% da força de trabalho, um terço do PIB e quase metade das exportações, o que evidencia sua importância crucial para a economia de Israel.

---

* http://www.otiglobal.com/

O ESCUDO DE FINANCIAMENTO DA INOVAÇÃO | 137

Embora entre 1993 e 2000 o número de fundos de capital de risco (VCFs — Venture Capital Funds) tenha subido de três para cem, observamos que, desde então, esse número diminuiu. Os investimentos chegaram a quase 1 bilhão porque existe uma concentração da indústria. Os montantes investidos por ano pelo fundo Venture Capital e PE (Private Equity) de Israel chegaram a 164.

Há uma concentração de mercado, e os montantes investidos por ano pelas empresas israelenses de capital de risco chegaram a US$ 2 bilhões em 2015. A maioria desses fundos financia principalmente a chamada fase de iniciação. Hoje, esses investimentos em estágio inicial representam 80% dos investimentos em Israel. Eles promovem o surgimento de muitas empresas israelenses de alta tecnologia. O que é investido na fase inicial pelos capitalistas de risco em Israel equivale a metade de todos os investimentos realizados na Europa. A tendência é inversa no velho continente: 85% do dinheiro investido financia empresas maduras.

Há, no entanto, uma tendência recente no país de investir mais em empresas maduras, quando elas já provaram ter um risco menor. Acompanhar as empresas a longo prazo continua a ser uma garantia do seu sucesso. Algumas grandes empresas, cujos primeiros sistemas foram desenvolvidos em Israel, estabeleceram uma presença de longo prazo no território com centros de P&D, a exemplo da Microsoft, que emprega 600 pessoas. Steve Balmer, o CEO, disse que a Microsoft era tanto israelense quanto norte-americana.

A antecipação e a inovação no campo das tecnologias do mundo acadêmico ou militar são uma característica israelense. Assim, muitos investidores se limitam voluntariamente a financiar os primeiros estágios de P&D a fim de criar em apenas alguns anos não mais um negócio de sucesso, mas uma

138 | O VALE DE ISRAEL

plataforma tecnológica que outra empresa de alta tecnologia possa adquirir. Esse financiamento em estágio inicial só está sendo feito em Israel por meio de incubadoras, anjos ou *crowdfunding*, o financiamento coletivo.

O desenvolvimento da economia israelense por meio da utilização de capital de risco e, portanto, da energia das startups nacionais deve-se, em parte, a uma dinâmica de investimento puramente ocidental. Contudo, nos últimos três anos, essa dinâmica tem sido inseparável do interesse mútuo entre Israel e os mercados emergentes.

A nova tendência crescente é a compra dessas tecnologias israelenses por China, Rússia e outros países asiáticos. O comércio bilateral entre Xangai e Tel Aviv aumentou mais de duzentas vezes em vinte anos, crescendo de US$ 51 milhões em 1992 para US$ 11 bilhões em 2013. Hoje, a China (incluindo Hong Kong) é o segundo maior importador de produtos israelenses no mundo, depois dos Estados Unidos. Assim, grandes multinacionais chinesas naturalmente têm sua marca em Israel, como Lenovo, Fosum e Likashin.

A "nação startup" também deve a continuidade e a renovação dessa sua denominação ao entusiasmo asiático que ela suscita hoje em dia. A Horizons Ventures, fundo de capital de risco de propriedade da Li Ka-Shing, que financiou o Skype, Siri e Facebook, investiu em 28 startups israelenses nos últimos anos. Além disso, a Catalyst, um fundo de investimento israelense, estabeleceu em 2013 uma parceria estratégica com a China Everbright, um conglomerado financeiro sediado em Hong Kong. Esse fundo de investimento conjunto vai injetar dinheiro em empresas israelenses e pretende inseri-las no mercado chinês futuramente.

A Coreia, também um *hub* de inovação tecnológica, tem se tornado cada vez mais importante no mercado de tecnologia de Israel. A Samsung instalou um centro de desenvolvimento no qual redirecionou a maior parte de sua tecnologia para smartphones. Da mesma forma, a LG, instalada há quinze anos no país, desenvolve projetos que conectam o *know-how* da Coreia ao de Israel.

As problemáticas do capital de risco

Se os investimentos em capital de risco acompanharam e possibilitaram o desenvolvimento da inovação israelense, é necessário identificar os problemas relacionados a essa atividade. Então, poderemos entender melhor as fortes afinidades que vinculam o capital de risco e o mercado israelense de inovação.

O desafio é que os investidores tragam capital, bem como suas redes e experiências, para a criação e os estágios iniciais de desenvolvimento de empresas inovadoras ou tecnologias consideradas de alto potencial para desenvolvimento e retorno do investimento. Por meio da sua participação no conselho de administração, os fundos de capital de risco desempenham um papel importante na estratégia da empresa. Eles trabalham em estreita colaboração com as empresas, auxiliando-as em todas as fases de desenvolvimento. Eles as ajudam a formular sua estratégia, a apresentá-las a parceiros estratégicos, a colocá-las em contato com analistas de seu setor e bancos de investimento e, finalmente, a recrutar candidatos de alto nível, além de escolher a alta direção e a abertura de escritórios internacionais.

Os capitalistas de risco (VCs) em Israel tendem a se mover do estágio inicial ao estágio final. A necessidade de liquidez dos investidores está tendo um efeito negativo. O tempo de liberação para as empresas financiadas por capital de risco está crescendo mais, com média de 8,2 anos. Mas muitas empresas demoram de dez a quinze anos após sua fundação para criar uma saída para os acionistas. Hoje, 80% das capitalizações de mercado listadas na Nasdaq excedem US$ 1 bilhão.

Para acompanhar uma IPO (Initial Public Offering)*, os principais bancos internacionais de investimento, atores das principais IPOs em Nova York, buscam valorização de mais de US$ 200 milhões. Está se tornando cada vez mais difícil para uma pequena empresa de alta tecnologia entrar no mercado de ações. Essas empresas são rapidamente qualificadas como *small caps, micro caps* ou até mesmo *nano caps*, e não interessam mais a analistas ou instituições. Nesse caso, o dinheiro é baixo, e a cotação torna-se mais um fardo que um benefício. E com a regulamentação se tornando cada vez mais rígida (a lei Sarbanes-Oxley, com exigência de relatório da SEC após a explosão da bolha financeira em 2000), tudo isso torna mais complexo financeira e administrativamente o simples fato de ser cotada como pequena empresa.

Como resultado, das 43 empresas israelenses listadas em Londres no AIM (Alternative Investment Market, que muitos chamaram de Alternative Israel Market), 27 foram retiradas do mercado, passando do público para o setor privado porque o nível de avaliação não era suficientemente atraente.

Na Europa, em contraste, 85% do dinheiro é investido na fase avançada de empresas maduras. Em Israel, no entanto, há uma tendência recente de investir mais na fase tardia, uma vez que a empresa tenha se estabelecido e o risco seja menor.

Duas rotas são usadas para saídas (em termos financeiros, isso se refere a um capitalista de risco que vende suas ações da empresa que está em seu portfólio). Durante muito tempo,

---

* Oferta pública inicial é um tipo de oferta pública em que as ações de uma empresa são vendidas ao público em geral numa bolsa de valores pela primeira vez. É o processo pelo qual uma empresa se torna uma empresa de capital aberto. (*N. do A.*)

Figura 1: Mapa de Israel.

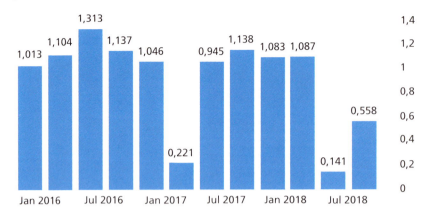

Figura 2: Taxa de crescimento do PIB de Israel.

Fonte: TradingEconomics.com. Central Bureau Statistics, Israel (2019).

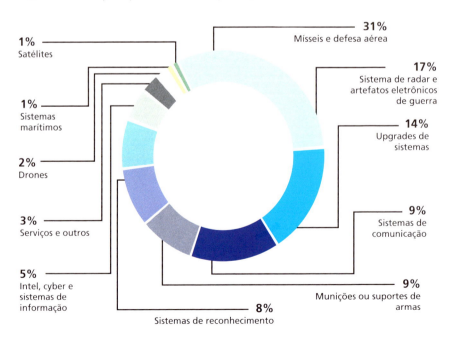

Figura 3: Principais produtos de exportação de Israel.

Fonte: Atlas Media Mit (2019).

Figura 4: Principais destinos das exportações.

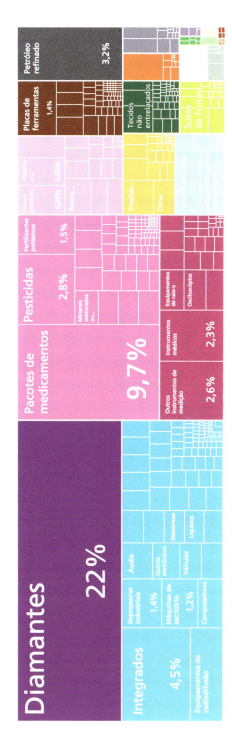

Fonte: Atlas Media Mit (2019).

Figura 5: Exportações da indústria bélica de Israel.

Fonte: Haaretz.com (2019).

Figura 6: Investimentos globais em P&D a partir do PIB.

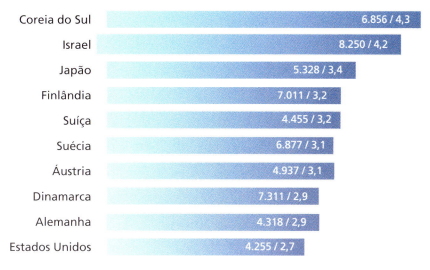

Fonte: Israel Hayom (2019).

Figura 7: Crescimento dos investimentos no setor de alta tecnologia.

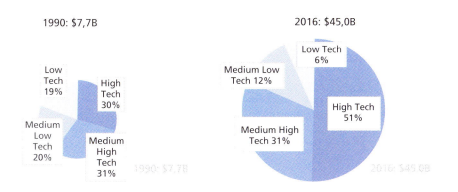

Figura 8: Número de engenheiros a cada 10 mil trabalhadores.

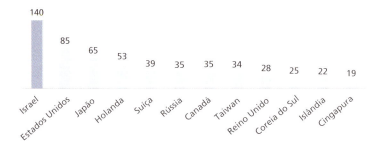

Fonte: The Central Bureau of Statistics, Israel (2008).

Figura 9: Principais instituições de ensino em Israel e data da fundação.

1870: Mikvah-Israel
1924: Instituto de Tecnologia Technion
1925: Universidade Hebraica de Jerusalém
1934: Instituto de Ciência Weizmann
1955: Universidade Bar-Ilan
1956: Universidade de Haifa
1969: Universidade Ben Gurion

Figura 10: Crescimento do PIB real de Israel, dos Estados Unidos e da Arábia Saudita, 1965-2018.

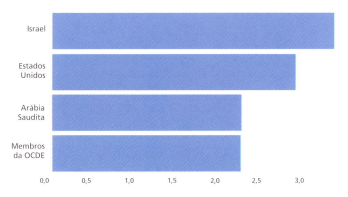

Fonte: Banco Mundial (2018).

Figura 11: Índice de competitividade de Israel.

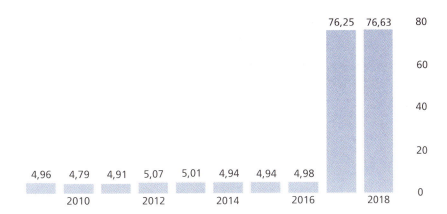

Fonte: TradingEconomics / World Economic Forum (2019).

Figura 12: Os ingredientes dos *clusters* israelenses.

Figura 13: Aspectos fundamentais do espírito empreendedor de Israel.

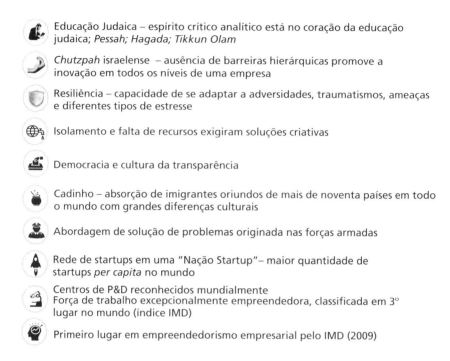

- Educação Judaica – espírito crítico analítico está no coração da educação judaica; *Pessah; Hagada; Tikkun Olam*
- *Chutzpah* israelense – ausência de barreiras hierárquicas promove a inovação em todos os níveis de uma empresa
- Resiliência – capacidade de se adaptar a adversidades, traumatismos, ameaças e diferentes tipos de estresse
- Isolamento e falta de recursos exigiram soluções criativas
- Democracia e cultura da transparência
- Cadinho – absorção de imigrantes oriundos de mais de noventa países em todo o mundo com grandes diferenças culturais
- Abordagem de solução de problemas originada nas forças armadas
- Rede de startups em uma "Nação Startup"– maior quantidade de startups *per capita* no mundo
- Centros de P&D reconhecidos mundialmente
  Força de trabalho excepcionalmente empreendedora, classificada em 3º lugar no mundo (índice IMD)
- Primeiro lugar em empreendedorismo empresarial pelo IMD (2009)

Figura 14: Principais exportadores de armas.
Participação de mercado estimada nos últimos cinco anos.

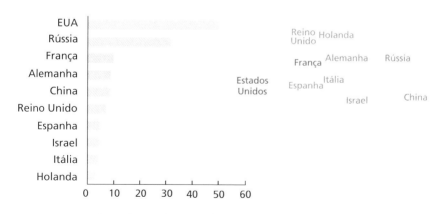

Volume de transferências (bilhões de valores indicativos SIPRI)

Fonte: SIPRI.org (2019).

Figura 15: Fusões e aquisições de empresas israelenses com empresas estrangeiras.

Blue-Chip Acquirer	Selected Israel Investments	Total Invested
Intel	Mobileye, DSPC, Envara, Oplus, Comsys, Sentrigo, Telmap, Omek, Replay Technologies	$17,9bn
Gilead	Kite Pharma	$11,2bn
Berkshire Hathaway Inc.	Iscar	$6,0bn
HP	Indigo, Scitex, Mercury, Orana, Shunra	$5,7bn
Cisco	Class Data Systems, Pentacom, Seagull, HyNex, InfoGear, Be Connected, P-Cube, Intucell, Cloudlock, Leaba Semiconductor	$1,9bn
Covidien	superDimension, Oridion Systems, Given Imaging	$1,6bn
SanDisk	M-Systems	$1,6bn
IBM	XIV Storage, Guardium, WorkLight, Trusteer, CSL International	$1,2bn
Google	MentorWave, LabPixies, Waze	$1,0bn
Microsoft	Peach Networks, Maximal Innovative, Yitran, Whale, Gteko, Secured Dimensions, YaData, Zoomix, 3DV Systems, VideoSurf, Auroto, Equivio, Hexadite	$935m
Broadcom	Dune, Percello, Provigent, SC Square, Broadlight	$914m
Verifone	Lipman Electronic Engineering, AC (Gazit) Applications	$777m
Apple	Anobit, PrimeSense, LinX, RealFace	$767m
NCR	Retalix	$747m
Merck	cCAM Biotherapeutics	$605m
Johnson & Johnson	Omrix	$433m
Stryker	Sightline, Surpass Medical, ActiViews	$305m
Facebook	Snaptu, Face.com, Onavo, Redkix	$280m
3M	Attenti	$230m
GE	ELGEMS, Versamed, Lightech, Orbotech	$104m
Kodak	Algotec Systems, OREX Computed Radiography	$94m
Total		$54,36bn

Figura 16: Investimentos da China em Israel (2019).

Blue-Chip Acquirer	Selected Israel Investments	Total Invested
Intel	Mobileye, DSPC, Envara, Oplus, Comsys, Sentrigo, Telmap,Omek, Replay Technologies	$17,9bn
Gilead	Kite Pharma	$11,2bn
Cisco	NDS, Class Data Systems, Pentacom, Seagull, HyNex, InfoGear,Be Connected, P-Cube, Intucell, Cloudlock, Leaba Semiconductor	$6,9bn
Nvidia	Mellanox	$6,9bn
Berkshire Hathaway Inc.	Iscar	$6,0bn
HP	Indigo, Scitex, Mercury, Orana, Shunra	$5,7bn
KLA-Tencor	Orbotech	$3,4bn
Covidien	superDimension, Oridion Systems, Given Imaging	$1,6bn
SanDisk	M-Systems	$1,6bn
IBM	XIV Storage, Guardium, WorkLight, Trusteer, CSL International	$1,2bn
Google	MentorWave, LabPixies, Waze	$1,0bn
Microsoft	Peach Networks, Maximal Innovative, Yitran, Whale, Gteko, Secured Dimensions, YaData, Zoomix, 3DV Systems, VideoSurf, Auroto, Equivio, Hexadite	$935m
Broadcom	Dune, Percello, Provigent, SC Square, Broadlight	$914m
Verifone	Lipman Electronic Engineering, AC (Gazit) Applications	$777m
Apple	Anobit, PrimeSense, LinX, RealFace	$767m
NCR	Retalix	$747m
Merck	cCAM Biotherapeutics	$605m
Johnson & Johnson	Omrix	$433m
Stryker	Sightline, Surpass Medical, ActiViews	$305m
Facebook	Snaptu, Face.com, Onavo, Redkix	$280m
3M	Attenti	$230m
Essilor	Shamir Optical	$152m
GE	ELGEMS, Versamed, Lightech, Orbotech	$104m
Kodak	Algotec Systems, OREX Computed Radiography	$94m
	Total	50 – $69,8bn

Figura 17: Capital levantado por empresas israelenses de alta tecnologia, por setor (2007-2016).

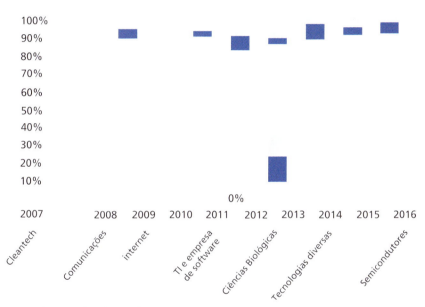

Fonte: IVC-ZAG High-Tech Capital Raising Survey (2019).

Figura 18: Dados gerais de Israel.

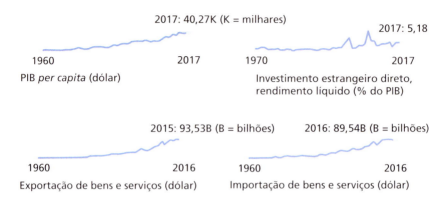

Fonte: Banco Mundial (2019).

Figura 19: Investimentos estrangeiros diretos no Brasil e em Israel.

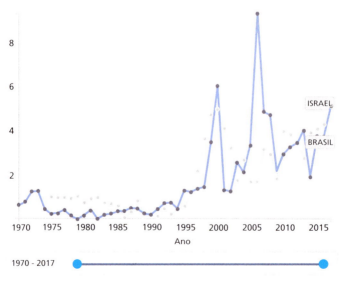

Fonte: Banco Mundial (2019).

O ESCUDO DE FINANCIAMENTO DA INOVAÇÃO | 141

a estrada real para uma saída foi a Nasdaq ou a IPO. Hoje, há uma dependência significativa de fusões e aquisições (hipótese de compra de uma empresa por outro participante econômico).

O primeiro fundo a investir em alta tecnologia de empresas maduras foi o Catalyst, que, no início dos anos 2000, construiu um portfólio de empresas. O fundo Catalyst* obteve o melhor desempenho por meio de operações de recompra de investidores que haviam financiado uma empresa anos atrás. Por exemplo, a Catalyst adquiriu as Séries A da Omrix, que havia investido na empresa dez anos antes. Em 2005, com a Omrix alcançando US$ 27 milhões em vendas e US$ 3 milhões em perdas, os investidores iniciais se sentiram "cansados" e tiveram de "sair". A Catalyst comprou-as naquele mesmo ano com uma avaliação de US$ 45 milhões da Omrix. Um ano depois, a empresa, atingindo US$ 63 milhões em vendas e US$ 23 milhões em lucros, foi introduzida na Nasdaq e alcançou em 2007 quase US$ 700 milhões de avaliação, para ser finalmente comprada pela Johnson & Johnson em 2008.

A Astra inclui nove empresas e uma saída que lhe permitiu ter um desempenho muito bom para o fundo de 1993 a 2000 (taxa interna de retorno de 35%). Mas, para seis empresas (de biotecnologia e tecnologia médica), a Astra não teve tempo ou recursos financeiros suficientes para produzir resultados. De fato, nenhuma das seis empresas de biotecnologia teve tempo de amadurecer o suficiente para fazer uma saída e, como resultado, a Astra provisionou seus investimentos.

A Catalyst investiu em 2011, quinze anos após a criação da empresa, na empresa Mobileye, que desenvolveu uma câmera eletrônica capaz de alertar o motorista em caso de perigo. Essa tecnologia permite uma viagem de carro com a função de piloto

---

* www.catalyst-fund.com/

automático. Os mercados financeiros reagiram bem à cotação da empresa, apesar do difícil contexto de agosto de 2014.

Cotada em um momento em que o conflito em Gaza estava em pleno andamento, no momento da operação "Fronteira Protetora", as ações da Mobileye subiram rapidamente, apesar de tudo.

Uma Terra Prometida para o capital de risco

Hoje em dia, o Estado de Israel consegue atrair muitos investidores estrangeiros, em sua maioria empresas de capital de risco, especialmente por suas competências reconhecidas nesse campo. Israel é o primeiro país do mundo em termos de número de capitalistas de risco *per capita*. É a terceira maior fonte de financiamento para inovação, com mais de US$ 278 investidos *per capita* em 2013, mais de três vezes o valor dos Estados Unidos e 110 vezes mais do que a China (Figura 15 do caderno de imagens).

Além disso, o país está em uma posição muito boa em matéria de capital de risco em termos absolutos (terceiro lugar, atrás da Califórnia e de Massachusetts), e o setor está em plena expansão.

Em um período em que o capital de risco está sofrendo na Europa, Israel conseguiu reunir as condições para ter um sistema bem-sucedido e dinâmico. Por ser um player global em inovação e conceder um espaço fundamental para a P&D civil, Israel possui um ambiente propício a investidores locais e internacionais. Ao ingressar na OCDE em 2010, o país demonstrou a boa governança de sua economia, bem como a forte produtividade que garante sua atratividade aos investimentos estrangeiros.

Os fundos de capital de risco chineses e norte-americanos que desejam adquirir empresas israelenses são cada vez mais numerosos. Seu sucesso em alta tecnologia fez de Tel Aviv um novo Vale do Silício. Há mais empresas israelenses listadas na Nasdaq do que empresas europeias. Desde a década de 1990, 218 empresas israelenses foram listadas na Nasdaq, e 89 empresas israelenses foram listadas na Europa, o que é bastante notável em comparação com apenas quatro empresas francesas e três japonesas listadas na Nasdaq em 2011. Israel é, assim, o segundo maior país estrangeiro a ter mais empresas listadas na Nasdaq, atrás do Canadá. A Nasdaq é a bolsa tecnológica de Nova York, a Meca, a elite da alta tecnologia. De acordo com o banco de investimento Catalyst Investiment House, que levantou US$ 5,5 bilhões em dez anos para as empresas israelenses, "temos na reserva 3 mil novas empresas israelenses prontas para serem colocadas no mercado".

As empresas israelenses de alta tecnologia têm uma parcela cada vez maior no capital de risco do setor de segurança cibernética: são quase 20% dos investimentos globais, um aumento de 100% em relação a 2014 e que só não é superado pelos Estados Unidos. A empresa PrivoCommet, sediada em Nova York, declarou que a participação de Israel (cerca de US$ 500 milhões) corresponde a 12% dos investimentos globais em cibernética, em mais um aumento de 100% comparado a 2014, segundo o *Financial Times* de 26 de janeiro 2016.

Em 2015, o setor de alta tecnologia de Israel levantou US$ 4,43 bilhões, 30% a mais que em 2014. De acordo com a KPMG-Israel, o desempenho econômico de Israel no último trimestre de 2015 foi superior aos anteriores, ao contrário do restante do mundo.

Da mesma forma, em 2015, o valor obtido com fusões e aquisições no mercado de ações ultrapassou o limite de US$ 9 bilhões. O número de rodadas de investimento totalizou mais de US$ 20 milhões, um aumento de dois terços em relação a 2015. Durante as três primeiras semanas de janeiro de 2016, dez startups de alta tecnologia israelenses conseguiram levantar

144 | O VALE DE ISRAEL

quase US$ 500 milhões de investidores privados e institucionais principalmente dos Estados Unidos, mas também da Ásia, Europa e Israel (Economist Intelligence Unit, 27 de janeiro de 2016).

Operação israelense de IPO	Europa		EUA	
Ano	Número de ofertas	Fundos levantados (US$M)	Número de ofertas	Fundos levantados (US$M)
Até 1997	9	78	60	2.398
1998-2000	24	921	67	7.052
2001-2003	1	118	12	2.806
2004-2006	41	3.334	24	4.912
2007-2009	8	2.339	19	1.628
2010-2013	6	1.084	36	4.010
2014	8	2.100	29	7.600
2015-2016	4	196	25	2.507
2017-2018	6	70	44	3.060
Total	107	10.240	316	35.973

Tabela 1: Dezesseis anos de IPO (investimento em bolsa)

Essa atração do capital estrangeiro pode ser observada nos investimentos chineses sem precedentes em Israel, o que é um sinal de uma transformação de uma economia industrial para um modelo de alta tecnologia, mostrando que, para a China, Israel é a "nação startup".* O investimento chinês saltou de US$ 70 milhões em 2010 para US$ 2,7 bilhões em 2015. A balança comercial China-Israel cresceu de US$ 6 bilhões em 2009 para US$ 11 bilhões em 2015. Durante a primeira semana de janeiro,

---

* A edição chinesa de O Vale de Israel vendeu mais de 40 mil cópias em apenas um ano. (N. do A.)

O ESCUDO DE FINANCIAMENTO DA INOVAÇÃO | 145

2 mil chineses e israelenses participaram da maior conferência binacional em Pequim, que reuniu empresários, políticos e funcionários do governo para falar sobre o capital de risco entre os dois países. Este evento apresentou as principais tecnologias de Israel nas áreas de biomedicina, biotecnologia, saúde, tecnologia limpa e ciências da computação no sentido mais amplo.

O mercado chinês é uma oportunidade real para muitas empresas israelenses, não apenas porque acabará sendo o maior mercado do mundo para empresas israelenses inovadoras, mas também porque a atitude dos chineses em relação ao mercado israelense é muito diferente da atitude dos europeus em relação a Israel, particularmente no que diz respeito a investimentos (Figura 16 do caderno de imagens).

Os chineses consideram Israel uma plataforma que pode dar acesso a um mercado internacional e ocidental, e não apenas ao mercado local, contrariando o espírito europeu ou francês. Nos últimos quatro anos, os chineses investiram mais de US$ 8,5 bilhões em Israel. Eles agora se tornaram os principais investidores, destronando os norte-americanos.

O presidente da Lenovo declarou: "Se a HP comprou US$ 6 bilhões em empresas israelenses nos últimos vinte anos, a Lenovo precisa ser muito mais agressiva do que a HP porque a HP é nossa maior concorrente."

9. Tecnologias verdes: a *cleantech*

Capítulo escrito com a colaboração de Laurent Choppe, de Yvon Maier e do professor Steve Ohana, da ESCP Europe

O neologismo *cleantech* abrange todas as tecnologias limpas, isto é, as não poluentes e que usam energias renováveis. Israel fornece vários exemplos interessantes. O país é, de fato, pequeno e de clima difícil, com uma terra árida e recursos naturais limitados. Assim, os israelenses tornaram-se, por necessidade, especialistas no uso otimizado e racional dos recursos.

A adversidade levou-os a pensar sempre fora da caixa para ir além dos limites do possível. Esse estado de espírito, herdado dos pioneiros e *kibutzniks,* foi transmitido de geração em geração e continua presente na juventude de hoje. Os recursos que o país não encontrou sob o solo foram compensados por seus cérebros.

Não é por acaso que Israel ocupa posições de destaque nos rankings internacionais, especialmente no Global Cleantech 100. Esse relatório classifica os países nos quais as empresas de tecnologia limpa têm maior probabilidade de sucesso nos próximos dez anos. Na edição de 2017, Israel confirma sua posição de player global na área. Destacam-se as capacidades desenvolvidas pelo país para gerir seus recursos energéticos variados, embora raros, e o espírito empreendedor que não sofre de qualquer aversão ao risco. Portanto, qualquer esperança que possa ser colocada na inovação israelense, particularmente no campo das energias renováveis, é bem fundamentada.

Quatro empresas israelenses estão classificadas na Global Cleantech 100 de 2017:

- A BreezoMeter tem como objetivo melhorar a saúde e a qualidade de vida de bilhões de pessoas em todo o mundo, fornecendo dados precisos sobre a qualidade do ar de forma simples, intuitiva e acionável;
- A Kaiima opera no campo da agricultura sustentável, desenvolvendo novas variedades de plantas que melhoram a produtividade, sem o uso de Organismos Geneticamente Modificados (OGMs);
- A Netafim é pioneira e inventora do sistema de irrigação por gotejamento. A empresa oferece uma ampla gama de soluções de irrigação, mas também estruturas para produção agrícola. Os gotejadores funcionam por meio de aspersores, automação, filtração e injetores de fertilizantes;
- A Takadu projetou uma plataforma que controla a distribuição de água e detecta vazamentos, problemas e falhas em tempo real.

O Estado hebreu, com a ajuda de suas startups e seus pesquisadores passou a dominar as tecnologias de água, as tecnologias agrícolas e as energias renováveis. É uma vantagem muito relevante em um meio bastante sujeito à escassez. No entanto, seus problemas de recursos hídricos, energia e dependência alimentar são ainda mais agudos, já que suas relações com os países vizinhos não se normalizaram.

Além disso, embora seu *know-how* tecnológico tenha sido exportado para os países mais avançados do planeta, os problemas políticos têm dificultado o uso racional de recursos dentro de suas próprias fronteiras, impedindo que a durabilidade de seus recursos vitais fosse garantida.

No entanto, é preciso observar que a área cultivada mais do que duplicou e que a produção agrícola aumentou sete vezes desde 1948, data da independência do país, enquanto a população ficou apenas seis vezes maior. A agricultura representa 2,6% da força de trabalho (6,3%, se os serviços à agricultura forem incluídos).

Assim, hoje um agricultor alimenta mais de cem pessoas em comparação a quinza em 1955, graças a um aumento nos rendimentos de mais de seis vezes. Embora o país importe 80% do seu consumo interno de cereais (principalmente dos Estados Unidos) e também de açúcar, café, peixe e carne, ele é independente no seu consumo de outros produtos agrícolas (frutas e legumes). Além disso, Israel é um grande exportador de frutas cítricas e flores.

Culturalmente, a tradição agrícola foi assimilada pela sociedade israelense, em especial por meio dos *kibutzim* e *moshavim*. Quando os pioneiros se estabeleceram no século XIX, eles começaram pela transformação das terras semiáridas, que tinham se tornado inutilizadas pelo desmatamento, pela erosão do solo e pelo abandono de longo prazo. Campos rochosos foram limpos, terraços foram construídos em áreas íngremes e solos foram drenados, e um grande empreendimento de reflorestamento começou a neutralizar a erosão do solo e reduzir a salinidade.

Em 1870, a Escola Agrícola Mikvah-Israel foi fundada na Palestina para ensinar às crianças judias o trabalho da terra, melhorando, assim, a situação dos judeus que viviam na terra de Israel. Além de seu papel educacional, a escola também funciona como centro de pesquisa, sendo gerenciado pelos próprios professores. Seu presidente, Ilan Cohen, uniu a escola ao novo parque ecológico Ariel Sharon. A escola já teve milhares de alunos, muitos dos quais provenientes dos tumultos sangrentos na Palestina ou sobreviventes do Holocausto. Uma equipe de educadores é especificamente designada para supervisionar os filhos dos imigrantes com o objetivo de inseri-los na sociedade. No final de seus estudos, os estudantes formados se mudam para as fazendas agrícolas do país ou se juntam a institutos de pesquisa agrícola.

A QUESTÃO DA ÁGUA

Os conflitos fronteiriços com os vizinhos (Líbano, Síria, Autoridade Palestina) são uma verdadeira espada de Dâmocles no que diz respeito ao acesso à água. Uma parcela significativa das reservas do país vem de rios ou reservas fora da área nacional soberana. O aquífero cisjordano é de fato reivindicado pela Autoridade Palestina, bem como três rios que abastecem o Jordão: o libanês Hasbani, o Banias, que se inicia no Golã reivindicado pela Síria, e o sírio Yarmouk.

A Jordânia é o único vizinho com quem foi estabelecida uma cooperação ativa de distribuição de água (assim, Israel fornece 50 milhões de metros cúbicos por ano, metade durante a seca severa), todas as outras iniciativas que visam a regular a questão do compartilhamento de água falharam. As guerras pela água não são impossíveis de imaginar: o desvio de águas do Hasbani pelo Líbano em 2002 ameaçou gerar um conflito armado.

O maior desafio para a agricultura israelense é a água: ela consome quase 60% dos recursos do país (500 milhões de metros cúbicos por ano). O consumo anual é de 153 metros cúbicos *per capita* (172 na Jordânia, 100 nos territórios palestinos, 950 no Líbano e 860 na Síria). Existem três grandes reservas de água: uma de superfície, o lago de Tiberíades, cujo nível é preocupante, e duas subterrâneas (aquífero costeiro e aquífero da Cisjordânia). O estresse hídrico é cada vez mais pronunciado em Israel. Nos últimos vinte anos, tem havido uma tensão crescente entre as necessidades de água e os recursos renováveis disponíveis. As projeções de vinte anos revelam um déficit hídrico devido à evolução das necessidades. Segundo uma comissão parlamentar de inquérito, a situação de escassez atual é o resultado de trinta anos de exploração anárquica e irracional do recurso.

Foi somente em 2002 que as primeiras medidas importantes foram tomadas para trazer o país de volta a uma trajetória sustentável: uso de águas residuais para a agricultura, exploração máxima da água da chuva, medidas para economizar o recurso, um amplo programa de dessalinização da água do mar, reabilitação de fontes de água poluídas...

Atualmente, Israel possui 166 empresas especializadas em gestão de recursos hídricos com exportações anuais superiores a US$ 1,5 bilhão. A Veolia e a IDE (Israel Desalination Engineering) construíram e operam a usina de dessalinização de água do mar de Ashkelon, a maior usina de dessalinização do mundo. A IDA era uma empresa pioneira e líder mundial no setor. Na década de 1960, ela concretizou o sonho de David Ben Gurion de transformar a água do mar em água potável.

Para Henri Starkman, presidente da Veolia Israel, "era essencial construir aqui uma fábrica desse tamanho a preços razoáveis, já que foram os israelenses que inventaram o sistema de osmose reversa". Atualmente, a divisão de água da Veolia fornece cerca de 10% das necessidades de água de Israel: as fábricas de Ashkelon e Palmahim produzem, respectivamente, 118 e 30 milhões de metros cúbicos por ano.

Em 2014, uma nova usina de dessalinização foi inaugurada em Sorek, perto de Ashdod. Essa instalação, desenvolvida pela Israel Desalination Enterprises (IDE Technologies), com um custo de cerca de US$ 500 milhões, produz 627 mil metros cúbicos de água por dia, permitindo que Israel aumente seu consumo de água dessalinizada em 65%, graças a uma produção anual de 150 milhões de metros cúbicos. A Sorek é a maior usina de dessalinização moderna do mundo, fornecendo 20% da água consumida pelas residências no país.

Segundo Henri Starkman, "em 2020, Israel terá cerca de 750 milhões de metros cúbicos de água, o que corresponde a 50% de suas necessidades de água atuais".

A razão para acreditar na dessalinização é facilmente compreensível. Se a produção de água das usinas de dessalinização fosse aumentada para 525 milhões de metros cúbicos por ano, isso cobriria 70% das necessidades de água potável de Israel, acabando com a atual escassez de água.

Esses números são interessantes, pois a imprensa internacional frequentemente cita a escassez de água como um grande problema no Oriente Médio. Estima-se que as necessidades de toda a região são de 2 a 3 bilhões de metros cúbicos por ano. Com base nos US$ 250 milhões pagos por 100 milhões de metros cúbicos da usina de Ashkelon, bastariam 25 usinas, ou seja, US$ 6 bilhões. É um valor bastante pequeno em nível internacional para o Banco Mundial, por exemplo.

A mudança climática é uma ameaça adicional ao acesso à água: recentemente, um especialista do Ministério do Meio Ambiente estimou que o aquecimento global poderia reduzir a precipitação em 35%, causar contaminação da água subterrânea e poluição do lago de Tiberíades, o mais importante recurso hídrico do país, e provocar o desaparecimento do Mar Morto em quarenta anos.

Enquanto a população estimada deverá atingir 8,5 milhões em 2020, dando continuidade à urbanização do país em detrimento de algumas terras aráveis e aumentando ainda mais o consumo da água urbana, é provável que a quantidade de água alocada para agricultura diminua (processo já em curso com o uso cada vez mais sistemático de águas recicladas ou salgadas demais para irrigação).

As soluções alternativas para preencher essa lacuna são a dessalinização da água do mar em grande escala (o que consome muita energia) ou uma crescente dependência das importações de países com altos estoques de água, como a Turquia. Enquanto a primeira solução, consumidora de muita energia, deve ser associada à energia solar para se tornar viável, a segunda parece irrealista e arriscada no atual contexto de tensão com Ancara.

Otimização da água "agrícola"

Israel dispõe de um *know-how* tecnológico único sobre agricultura e tratamento da água (sendo também conhecido como o "Vale do Silício da água"). As empresas israelenses são líderes em vários campos importantes:

Irrigação com economia de água, particularmente pela técnica de gotejamento (inventada pela empresa Netafim em 1967 no *kibutz* Hatzerim) que reduziu o consumo de água em 50% a 70%, tornando o país uma referência mundial em pesquisa agronômica atualmente. Fundada em 1965, a empresa hoje é líder mundial em irrigação inteligente, com vendas anuais totalizando cerca de US$ 400 milhões.

- Águas pluviais artificiais (empresa nacional de produção e fornecimento de água, Mekorot);
- Reciclagem de águas residuais (Global Environmental Solutions, Miya);
- Dessalinização da água do mar (IDE Technologies e Desalitech); a central de Ashkelon é a maior usina de dessalinização do mundo;
- Sistema de contagem de água, detecção de vazamentos de água por drones (o Grupo Arad é o líder mundial nesse campo);
- Filtragem de água sem o uso de produtos químicos (Amiad Filtration Systems, Arkal);
- Sistemas ultrassofisticados de distribuição de água (Bermad);
- Agricultura de precisão (imagem térmica para a avaliação do estresse hídrico nas plantações);
- Redes de proteção que cobrem as plantações para otimizar sua exposição à luz, economizar água, proteger contra desastres naturais e controlar o crescimento;
- Uso de água altamente salgada para irrigação (cultivo de salicórnias*, em particular);
- Mecanização e racionalização da produção animal e leiteira (ajuste da frequência de ordenha e operação automatizada, informatização da alimentação do gado, análise da composição do leite, coleta automatizada de ovos etc.);
- Pesquisa genética para melhorar rendimento, qualidade e resistência a doenças e a condições climáticas extremas (o Israel Gene Bank conserva espécies de plantas ameaçadas de extinção);

---

* A salicórnia (também conhecida por Sal Verde ou Espargo do Mar, e no Brasil, planta sal) é uma planta halófita (tolerante ao sal). A qualidade dessa planta provém da capacidade de armazenamento dos seus sais, que lhe dão um elevado valor nutricional. (*N. da T.*)

- Meios de armazenamento ultrassofisticados para uma ótima conservação dos alimentos.

Portanto, detentor de grande número de tecnologias na área agrícola, Israel exporta essas tecnologias avançadas para diversos países. Particularmente com a África, um continente com o qual as relações comerciais e universitárias são próximas, as exportações são realizadas em um volume considerável.

As exportações de tecnologias relacionadas à água são estimadas em US$ 2,5 bilhões (a escassez de água na Austrália e nos Estados Unidos cria uma demanda maior por esse tipo de tecnologia).

O país também é um grande exportador de fertilizantes, herbicidas, pesticidas, sementes e maquinário agrícola. Vendida para os chineses, a Dead Sea Works, uma subsidiária da grande empresa de mineração Israel Chemicals Limited (especializada na exploração de recursos minerais perto do Mar Morto), vende grandes quantidades de potássio a agricultores brasileiros e indianos.

A QUESTÃO DA ENERGIA

A energia é a pedra angular do desenvolvimento econômico do país. Até 2009, Israel dependia de importações para suprir suas necessidades energéticas (5% do PIB). Sua dependência energética é uma das mais altas do mundo, com cerca de 90% de suas necessidades importadas.

O setor de transporte utiliza principalmente gasolina e diesel, enquanto a maior parte da eletricidade é produzida a partir de carvão importado (65%) e gás (33%). O consumo total de energia primária foi de 20 milhões de TEPs (toneladas equivalentes de petróleo) em 2006, e mais de 50% desse total corresponde ao petróleo.

Quanto ao gás, até 2008 o país tinha suas próprias reservas, descobertas em 2000 em Ashkelon (reservas de 33 bilhões de metros cúbicos, para um consumo anual de cerca de 2,5 bilhões de metros cúbicos), mas hoje só restam dois terços delas.

O petróleo é importado de Angola, México, Egito, Noruega e, mais recentemente, Rússia, Cazaquistão e Azerbaijão. Há bastante tempo o país tenta explorar o xisto betuminoso perto do Mar Morto, mas sua produção não corresponde nem sequer a 1% das suas necessidades.

Tudo mudou desde 2009, com uma sucessão de grandes descobertas que podem mudar o panorama energético nacional por muito tempo. Um primeiro campo de gás batizado de Tamar foi descoberto no início de 2009 na costa de Haifa: foi comprovada a existência de 184 bilhões de metros cúbicos de reservas, e é provável que na verdade sejam 247.

O consumo de gás entre 2010 e 2030 foi estimado na ordem de 250 bilhões de metros cúbicos, então as reservas poderiam satisfazer a 85% das demandas. No final de agosto de 2010, mais de 453 bilhões de metros cúbicos de gás e mais de 4,3 bilhões de barris de petróleo foram descobertos. Essa descoberta chamada de Leviatã representa, somente em termos de petróleo, 17.200 dias, ou seja, mais de 47 anos de consumo nacional.

Com essa nova descoberta, além de o país poder se tornar autossuficiente, ele também pode passar a ser um exportador de energia (o que mudaria radicalmente seu equilíbrio de poder com os países exportadores de petróleo). Em comparação, as reservas comprovadas do Reino Unido em 2009 eram de 343 bilhões de metros cúbicos, e as da Alemanha, 176 bilhões.

Evitando a "Síndrome Holandesa": não coloque todos os ovos em uma única cesta

O desafio é evitar a todo custo o cenário vivido pelos Países Baixos após a descoberta dos campos de gás de Groningen, nos anos 1960. Os magnatas da indústria do petróleo monopolizaram as rendas em detrimento de outros setores industriais, levando à corrupção, ao aumento das desigualdades, à supervalorização da moeda em detrimento das exportações do país e ao abandono da P&D e de conhecimentos de altíssimo valor agregado. Esses problemas assolaram sistematicamente os países produtores de petróleo, à exceção da Noruega.

Devemos lembrar que o desenvolvimento espetacular da indústria do conhecimento no país é principalmente devido a um contexto climático, geológico e hidrológico particularmente difícil, o que tornou necessário superar, por meio do trabalho e do conhecimento, as dificuldades de exploração da terra e do subsolo. Quaisquer que sejam as estimativas finais das reservas de petróleo e gás na costa de Haifa, é essencial que o país continue a se considerar um país pobre em recursos e a se projetar na era pós-petróleo. Isso permitirá que ele escape da "maldição holandesa" e se posicione como líder em um mundo que terá de dispensar cada vez mais os combustíveis fósseis.

Por enquanto, esse uso de combustíveis fósseis não foi resolvido, tampouco as consequências climáticas causadas por ele. A importância do carvão em seu consumo de energia faz de Israel um país com uma forte emissão de gases de efeito estufa (em tCO^2 por habitante): são cerca de 70 milhões de toneladas de CO^2 por ano, ou 10 toneladas por habitante (são cerca de seis para a França e 11 para a Alemanha) e, portanto, cerca de 0,45 tonelada de CO^2 por unidade do PIB, uma taxa muito semelhante à dos

158 | O VALE DE ISRAEL

países do sul da Europa (Grécia, Espanha, Portugal), inferior à dos Estados Unidos (0,55 tonelada por unidade do PIB) e muito superior à da França (0,25 tonelada por unidade do PIB).

O país é signatário do Protocolo de Quioto, mas não é membro dos países do Anexo I (aqueles diretamente relacionados aos objetivos de redução das emissões de CO_2). Por outro lado, os projetos verdes realizados podem ser usados para gerar créditos de carbono para empresas emissoras europeias ou fundos de carbono que participam de seu financiamento. É nessa dinâmica que muitos projetos de energia renovável ou de redução de energia foram iniciados.

A QUESTÃO DAS ENERGIAS RENOVÁVEIS

Na área das energias renováveis e *greentechs* em geral, a inovação e o *know-how*, assim como para os setores de agricultura e água, são notáveis nos seguintes campos:

- Carros elétricos;
- Energia solar (BrightSource Energy, HelioFocus, Arora etc.);
- Célula de Combustível (CellEra);
- Agrocombustíveis de segunda e terceira geração (TransAlgae);
- Energia eólica (Variable Wind Solutions);
- Energia geotérmica (Ormat);
- Eficiência energética.

Apesar desse importante *know-how* tecnológico, as energias renováveis representam, paradoxalmente, uma parte pequena da produção de energia. Deve-se notar, no entanto, que 90% das residências estão equipadas com aquecedores de água solares, uma invenção de Levi Yissar na década de 1950 e cujo primeiro protótipo foi criado por Harry Zvi Tabor na década de 1970.

No total, a energia solar para os aquecedores de água representa 4% da geração de eletricidade. Deve-se notar também que a integração solar e a dessalinização estão passando por uma fase de testes, o que é muito importante para o desenvolvimento sustentável do país.

UM PARADOXO:
AS ENERGIAS RENOVÁVEIS SUBEMPREGADAS

Atualmente, ainda são poucos os incentivos para se migrar dos combustíveis fósseis para as energias renováveis. Ademais, a energia custa muito pouco (50% do preço europeu), desestimulando sua economia e novos investimentos no setor. O custo do carbono não é internalizado pelas empresas, o que desincentiva o desenvolvimento de energias verdes (embora as usinas de energia solar agora possam vender a eletricidade produzida na IEC a um preço subsidiado pelo Estado, que em geral é muito menos interessante do que na Europa etc.).

A oposição da IEC, a dificuldade e a confusão dos processos de licenciamento são obstáculos, sobretudo políticos, ao desenvolvimento em larga escala da energia solar em Israel.

Os primórdios da energia solar doméstica em Israel remontam a 1953 com a criação da NerYah Company, o principal fabricante israelense de aquecedores solares de água. A partir dos anos 1960, foi necessário contar com outros pioneiros como a Chromagen (1962) e, mais recentemente, a Solel Solar Systems (1992) e a Arava Power (2006).

Hoje, mais de 1 milhão de telhados israelenses estão equipados com painéis solares. Essa tecnologia simples, em expansão nos anos 1970, tornou-se uma exigência do governo desde os anos 1980. Muitos deles também são *kibutzim* que desejam adotar uma atitude verde. O *kibutz* de Re'im, totalmente alimentado por energia solar, faz da comunidade uma das primeiras do mundo a usar apenas energia limpa. Nesse espírito, uma subsidiária da EDF, a EDF Énergies Nouvelles, deverá desenvolver pequenas e médias fazendas solares em colaboração com a Veolia Environnement em Israel. A EDF-EN deverá construir cinco parques solares com uma capacidade total de 39,5 megawatts nas terras dos *kibutzim* Gvulot, Lahav, Nahal Oz, Miflasim e Samar.

O objetivo estabelecido pelas autoridades é atingir o patamar de 10% de energias renováveis na geração de eletricidade e 20% de redução do consumo de eletricidade até 2020 (ou 20% de redução das emissões de CO^2 em comparação a um cenário normal). Tudo isso requer um programa ambicioso que recorra tanto a sanções quanto a incentivos:

- Índices verdes determinando diferentes níveis de tributação de veículos;
- Aumento do preço de compra da eletricidade gerada por energias renováveis;
- Apoio ao financiamento de projetos de eficiência energética ou de energias renováveis;
- Rótulo verde concedido a produtos com baixo impacto ambiental;
- Campanhas de conscientização;
- Imposto sobre o carvão;
- Melhorar a eficiência energética de edifícios e equipamentos;
- Participação no mercado europeu de carbono, mas não a curto prazo.

No momento, é necessário combinar visão e estratégia política com a estrutura intelectual, tecnológica e financeira do Estado, a fim de proporcionar ao país acesso sustentável aos recursos que condicionam seu desenvolvimento econômico e humano.

A energia solar na política energética de Israel

> A maior e mais impressionante fonte de energia do nosso mundo, a fonte de vida de todas as plantas e animais, mas que é tão pouco usada pela humanidade atualmente, é o Sol... Essa energia pode ser convertida em uma força dinâmica e elétrica, e mesmo após o esgotamento de todos os depósitos de urânio e de tório da face da Terra, a energia solar continuará fluindo em nossa direção quase indefinidamente. David Ben--Gurion, Southward, 1956.

O fundador de Israel entendeu isso muito cedo: o país tem todos os motivos para orientar sua política energética para a energia solar. Os benefícios são muitos. Em nível nacional, haveria maior independência energética e a resolução de questões de segurança, além de benefícios para a saúde pública e desenvolvimento sustentável. No lado privado, haveria ganhos econômicos e maior conforto.

Durante os primeiros sete meses de 2011, o Sinai foi palco de quatro ataques a gasodutos que abasteciam Israel com gás egípcio, resultando em três interrupções da entrega do país produtor. Além disso, as flutuações políticas desde a queda do regime de Mubarak durante a "Primavera Árabe" colocaram Israel em uma situação difícil em termos de energia, de modo que muitas esperanças se concentram na energia solar.

A empresa israelense Arava Power se consagrou nacional-mente nesse campo. No início do campo solar Ketura Sun, no *kibutz* Ketut, a empresa desenvolveu tecnologias e estruturas que permitiriam que Israel se tornasse independente em relação às energias não renováveis. O potencial energético de seu projeto de outras cinquenta usinas solares para todo o país é de 400 megawatts, representando um investimento de US$ 1,5 bilhão a US$ 2 bilhões.

O raciocínio do seu diretor executivo, Jon Cohen, é simples:

Ninguém pode sabotar o Sol. Temos de explorar esse enorme potencial. Dentro de dois anos, mil megawatts adicionais podem ser fornecidos à rede elétrica nacional, um valor superior à proposta que se encontra no gabinete do primeiro-ministro.

10. As ciências biológicas

Capítulo escrito com a colaboração do Dr. Laurent Choppe

"Não sou o tipo de homem que acredita em destino. Os homens criam seu próprio destino quando acreditam em seu próprio sucesso." Eli Hurvitz (1932-2011)

Todos os tipos de medicamentos prescritos mundialmente para tratar escleroses, câncer, doença de Alzheimer ou doença de Parkinson são derivados da biotecnologia israelense. Israel criou mais dispositivos médicos *per capita* do que qualquer outro país do mundo, e as exportações do setor de ciências biológicas geram mais de US$ 3 bilhões por ano.

DA PESQUISA À INDÚSTRIA

A pesquisa israelense está na vanguarda em áreas emergentes, como genômica e processamento de células-tronco. O ritmo de inovação, desenvolvimento e crescimento de Israel no setor é sem precedentes. A indústria de biotecnologia israelense é a mais dinâmica do mundo, com mais startups *per capita* do que qualquer outro país. São 180 empresas de biotecnologia, todas construídas com base em uma combinação de excelência acadêmica, força de trabalho altamente qualificada, inventividade inovadora e ousadia empreendedora. Essas empresas criam produtos terapêuticos, ferramentas de diagnóstico ou drogas que têm impacto global.

Isso não aconteceu por acaso; é resultado da aplicação prática do modelo israelense de inovação. Muitas universidades, institutos especializados, hospitais e até mesmo faculdades fazem pesquisas sobre ciências biológicas. No início dos anos 1990, Israel criou centros de excelência de nível universitário em áreas críticas para o desenvolvimento tecnológico e científico, como biotecnologia, medicina molecular e engenharia de proteínas.

Para promover a pesquisa universitária, Israel colocou em prática sistemas que permitem ligar as descobertas dos institutos de pesquisa ao mundo industrial: são os TTOs (Technology Transfer Offices ou agências de transferência de tecnologia). As agências transferem para a indústria as tecnologias desenvolvidas pelos centros de pesquisa. São onze TTOs, e enquanto algumas se especializam mais em ciências biológicas, outras incluem disciplinas diferentes como nanotecnologia, e outras ainda são ligadas a hospitais. Neste último caso, elas focam mais em testes clínicos.

Antes de qualquer transferência para a indústria, define-se a parte dos lucros que será concedida à TTO, à universidade e ao pesquisador, que recebe a maior parcela. São recompensas importantes que são dadas aos pesquisadores, considerados empreendedores. A valorização das patentes resultante da pesquisa universitária permitirá que a TTO tenha recursos. Por exemplo, a Yeda*, a TTO do Instituto Weizmann, ganha de US$ 500 milhões a US$ 800 milhões por ano com suas patentes.

---

* wis-wander.weizmann.ac.il/tags/yeda

A Yissum* é a empresa de transferência de tecnologia da Universidade Hebraica de Jerusalém. Fundada em 1964, ela produziu mais de sessenta novas empresas de pesquisa, concedeu mais de 400 licenças e comercializa produtos que geram US$ 1 bilhão por ano em vendas globais. Suas atividades comerciais incluem a otimização e a comercialização de produtos de propriedade intelectual da Universidade de Jerusalém (a exemplo do Exelon, um medicamento para a doença de Alzheimer vendido pela Novartis) ou a identificação de um parceiro de negócios apropriado na área de saúde (Amgen, Ely Lilly Yissum, GW Pharmaceuticals, Johnson & Johnson, Merck ou Teva são parceiros da Yissum).

A Yissum implementou um sistema de proteção de depósitos de patentes. Além disso, um serviço jurídico e comercial permite que as descobertas da universidade sejam oferecidas internacionalmente, o que de fato aumenta seu valor comercial. A remuneração concedida ao pesquisador não está relacionada ao número de meses ou anos dedicados à pesquisa, nem ao seu salário: depende estritamente dos lucros obtidos com a invenção.

Transferência de tecnologia para a indústria

por Daniel Zajfman

As personalidades europeias, da esfera política ou do mundo da indústria, têm elogiado a capacidade de Israel de passar do laboratório à empresa. O Instituto Weizmann não fica de fora disso; com sua empresa Yeda, ele possibilita essa passagem do pensamento à ação. O professor Daniel Zajfman, presidente do Instituto Weizmann, explica a organização da transferência de tecnologia: "O mecanismo é muito simples: transferimos

---

* www.yissum.co.il/

conhecimento. Deve ser entendido que os pesquisadores nunca nos procuram para desenvolver um produto. Nossa política nunca foi essa. Contratamos pesquisadores porque eles são muito qualificados. Mas ao fazer pesquisa básica em um nível muito alto, em algum momento você terminará encontrando algo que pode ser aplicado industrialmente. Um medicamento, por exemplo. É então que a Yeda intervém: ela trata de encontrar a empresa que vai assumir essa tecnologia e trazê-la para o mercado. Mas você tem que entender que há uma enorme diferença entre produzir uma ideia e colocá-la no mercado.

Nós não sabemos como colocar ideias no mercado. Não ignoramos o fato de que existem outros que sabem fazer isso muito melhor do que nós. Nunca investiremos nosso dinheiro, nossos pesquisadores, nossos técnicos ou nossos engenheiros no campo comercial. Porque, mais uma vez, reconhecemos nossa incompetência nessa área. Há, portanto, uma separação clara entre os dois. Já recebemos muitos pedidos para investirmos nessa parceria. A resposta sempre foi "não"!

Se você trabalha na indústria, não fará nenhuma pesquisa básica. A indústria, e isso não é um julgamento de valor, é sempre impulsionada pelas necessidades do mercado.

Há muito dinheiro debaixo do tapete. E, portanto, todo o nosso trabalho seria ditado pela evolução do mercado, o que é contrário ao próprio espírito da pesquisa básica. Devemos diferenciar os dois, então é fundamental que não trabalhemos juntos.

CIÊNCIAS BIOLÓGICAS: MOTOR DE CRESCIMENTO

Em 2000-2003, houve uma virada nos setores de ciências biológicas com a criação de polos tecnológicos de excelência. Em biotecnologia, duas incubadoras de classe mundial foram criadas como parte de um plano Bio, cujo orçamento chegou a US$

100 milhões. No setor de nanotecnologia, com um orçamento de US$ 300 milhões, foi criada a Israel National Nanotechnology Initiative (Iniciativa Nacional de Nanotecnologia de Israel). O objetivo dessa política é duplo: construir infraestruturas de excelência mundial e comercializar as invenções israelenses o mais rápido possível.

Criada em 1992 e privatizada em 2007, a Rad Biomed é uma incubadora especializada em ciências biológicas (biotecnologias industriais, biofarmacêutica, diagnósticos, equipamentos médicos, bioinformática e quimioinformática). Ela pertence ao investidor privado Yehuda Zisapel e faz parte do consórcio europeu de incubadoras especializadas em biotecnologia. Projetos tão diversos quanto tratamentos contra o câncer e incontinência, diagnósticos de doenças imunes, simuladores de endoscopia e outras terapias para artrite puderam ser incubados nela.

O setor de ciências biológicas é um motor de crescimento para a economia israelense. As exportações na área têm aumentado constantemente, com os produtos de saúde representando pouco mais de 8% das exportações do país. Mais de 70% das empresas foram criadas após 1997, o que reforça o dinamismo desse segmento. O setor dominante é o de equipamento médico, representando 55% do total das empresas e produzindo principalmente aparelhos terapêuticos ou implantes. A indústria de biotecnologia é composta por 21% das empresas do setor, e a maioria delas são startups. A indústria químico-farmacêutica concentra-se principalmente em genéricos.

O sucesso da Teva*, uma das maiores fabricantes mundiais de genéricos, é um exemplo do sucesso de Israel. Líder mundial em medicamentos genéricos, a empresa se especializou no desenvolvimento, na produção e na comercialização deles.

---

* www.tevapharm.com

Hoje em dia, ela tem focado mais em biofarmácia e na descoberta de seus próprios medicamentos. Sua capitalização de mercado foi uma das maiores dos Estados Unidos (US$ 48 bilhões em 2015).

AS CHAVES PARA O SUCESSO DA TEVA
E SUAS SUBSIDIÁRIAS

Por Eli Hurvitz (1932-2011), fundador da Teva

Não sou o tipo de homem que acredita em destino. Os homens criam sua própria sorte quando acreditam em seu próprio sucesso. Sou israelense, nascido em Israel. Meus pais chegaram neste país na década de 1920 como pioneiros, para secar os pântanos. Eles se conheceram em uma pequena aldeia e foram casados por muitos anos maravilhosos.

Depois de tantos anos, sinto-me realmente israelita. Quando ouço falar do risco financeiro de Israel, digo que o risco é zero, que eu até mesmo o calculei e deu zero. Para mim, é seguro.

A Teva não é apenas a maior empresa de medicamentos genéricos do mundo. O mais importante é que, durante cinquenta anos, a excelência do saber é baseada na estratégia. Eu poderia dar agora uma garantia dos resultados dos próximos cinquenta anos da Teva, mas cinquenta anos é amanhã. Quando preparamos os próximos cinquenta anos, não alcançamos os resultados corretos. Todos os analistas nos dizem, assim como aconteceu no passado, que eles também concordam com o futuro, mas não há consenso sobre o presente. A razão é a modernidade do século XXI: hoje tudo é conhecido. Se eu não souber de algo, irei à Wikipédia e obterei informações em alguns minutos. Minha vantagem ou a dos meus concorrentes é que todos nós sabemos a mesma coisa.

Por isso, devemos surpreender, pensar de forma diferente, e diferente não significa que desenvolverei hoje um produto inovador. É exatamente o contrário disso, é o que chamamos em hebraico de *afourh al afourh*. O modo de pensar deve ser realmente diferente, o que significa que, para cada elemento do problema, tentaremos descobrir qual é o seu oposto, qual é a pergunta que não foi feita ainda.

Onde se encontra a inovação? Sempre conto a mesma história para os estudantes: a da General Electric e Edison. A verdadeira história da General Electric é que eles nunca ganharam um único centavo com eletricidade. Todos os seus lucros vêm da produção não elétrica, dos inúmeros dispositivos e equipamentos movidos à eletricidade, da simples equação que eles calcularam e criaram, da nova maneira de pensar sobre negócios. Então, você tem que provocar e discordar, e repetir isso até que seja parte da cultura.

Na Teva, existe essa cultura, e é isso que faz a Teva. Aqui, ninguém deixa cair a caneta quando a campainha toca, embora eu sempre empurre as pessoas para que elas vão jantar com a família. Mas se quiserem voltar... Elas trabalham dezessete horas por dia, por livre e espontânea vontade, correndo pelo mundo. Mas são pessoas da Teva, não são pessoas comuns. Hoje, não falo em nome da Teva, falo em nome de nossas duas subsidiárias menores.

Nessas duas pequenas empresas, temos uma administração jovem e uma sede muito moderna que não é como um escritório tradicional. Por exemplo, os sofás estão por toda parte, próximos uns dos outros, permitindo que as pessoas se comuniquem. Eu os ouço falar sobre aquilo com o que precisamos ter cuidado, sobre o que precisamos mudar. Mudar significa assumir suas responsabilidades, e é totalmente diferente de apenas falar.

Hoje, nessas duas pequenas empresas, podemos contar com os melhores do mundo nesse setor específico em que tentamos ser a referência. Mesmo que algo seja excelente, é preciso trabalhar nisso, nos detalhes, sem exceções. Trabalhe também o mais rápido possível, porque ontem já nasceu outro concorrente e é necessário avaliá-lo.

A Teva é uma empresa que, sem competição, não existiria e se tornaria mais uma bela adormecida. O conceito moderno faz com que tudo seja conhecido hoje, então tudo que podemos fazer é ser diferente. É essa mensagem que quero deixar enquanto globalista para os apoiadores de Israel e os apoiadores da Teva, sejam eles atuais ou futuros.

11. As fissuras do escudo

Capítulo escrito em coautoria com Benjamin Lehiany, do Centro de Pesquisa em Gestão da École Polytechnique, Paris

Prever o futuro é um empreendimento delicado, se não impossível, que depende de um conjunto de pressupostos mais ou menos robustos. No domínio da alta tecnologia e inovação, esse exercício é ainda mais delicado, pois o campo de possibilidades parece infinito. Além disso, o escudo tecnológico sofre de várias fissuras que aumentam o grau de incerteza.

O futuro do escudo tecnológico da inovação também dependerá da capacidade de o país lidar com ameaças econômicas internas e externas. No nível socioeconômico, as principais ameaças internas estão relacionadas ao empobrecimento da sociedade israelense causado por uma economia de múltiplas velocidades, ao status das minorias e à delicada questão da reforma eleitoral necessária. As ameaças externas vêm principalmente de boicotes de produtos israelenses e da dependência americana.

ISRAEL EM FACE DO BOICOTE

O boicote a Israel é uma ação de oposição ao Estado de Israel que consiste em não participar da economia ou cultura que apoia Israel. O movimento apareceu em oposição ao sionismo, antes da criação do Estado, e foi formalmente estabelecido em 1945 pela Liga Árabe a respeito de bens e mercadorias, assumindo várias formas. O primeiro objeto do boicote, como defendido pela Liga Árabe, foi a proibição de todos os membros da Liga de negociarem com Israel sozinhos, e se chamou de "boicote primário". Em seguida, o boicote foi estendido às empresas — independentemente de sua nacionalidade — que estivessem negociando com Israel, criando o "boicote secundário", que estabelece a prática de "listas negras" de empresas com as quais os países árabes não devem negociar. O "boicote terciário" diz respeito a empresas que negociam com aqueles afetados pelo boicote secundário. Por fim, o "boicote quaternário" é aplicado a empresas cujos líderes são, na terminologia da Liga, "partidários de Israel" ou de "orientação sionista".

Em 1960, Israel estabeleceu um escritório antiboicote que foi fechado em 1971, alegando que o boicote naquele momento era ineficaz. Essa estrutura foi ressuscitada em 1975 sob o nome de Autoridade Contra a Guerra Econômica. Atualmente, consumidores de vários países se reúnem para distribuir listas de empresas israelenses que exportam bens de consumo e boicotar certas empresas como a Danone e a Coca-Cola.

O boicote também pode ser cultural, com artistas estrangeiros se recusando, por exemplo, a se apresentar em um teatro construído na Cisjordânia. Ele também assume uma forma acadêmica: o físico Stephen Hawking cancelou sua participação na conferência do presidente Peres em 2013. Há também uma petição iniciada após a guerra do verão de 2014 que conta com mais de quinhentas assinaturas de universitários especialistas no Oriente Médio.

Do ponto de vista jurídico, o boicote aos produtos israelenses é proibido na maioria dos países ocidentais. Na França, por exemplo, o pedido de boicote é considerado discriminação. No entanto, países como Líbano, Síria e Irã ainda recorriam a boicotes em 2008. Em 2010, militantes pró-palestinos ficaram indignados com o envolvimento da Veolia no bonde de Jerusalém durante uma manifestação em uma assembleia geral da empresa. Porém, o sucesso da empresa em Israel, com seus 2 mil funcionários locais, e a instalação da maior usina de dessalinização do mundo em Ashkelon permitiram que ela entrasse em novos mercados no setor, como a Austrália, os Emirados e outros países árabes.

Durante a guerra do verão de 2014, o apelo ao boicote dos produtos L'Oreal nos países europeus — após a distribuição por um revendedor local de produtos Garnier aos soldados em serviço — forçou a marca a publicar um comunicado recordando sua política de não comprometimento e lamentando o incidente.

O movimento BDS (Boicotes, Desinvestimento e Sanções), que foca em produtos israelenses produzidos nos assentamentos, também é proibido na maioria dos países e na União Europeia. Se as mudanças econômicas são influenciadas por eventos políticos, esse boicote também representa um risco para a economia israelense. No entanto, até agora, o boicote de algumas organizações pró-palestinas teve apenas um efeito limitado sobre Israel. Nenhum país árabe parou de importar Mercedes ou Coca-Cola porque as marcas estão estabelecidas em Israel. No máximo, o boicote econômico pode complicar a exportação de produtos fabricados na Cisjordânia.

FALTA DE MÃO DE OBRA ESPECIALIZADA

Em 2015, um relatório do Ministério da Fazenda revelou que o setor de alta tecnologia em Israel empregava 283 mil assalariados, ou 12% da força de trabalho do setor comercial, exportou quase US$ 40 bilhões (39%) e contribuiu com 9% do PIB.

Paralelamente ao desenvolvimento da alta tecnologia israelense, os mercados externos se multiplicaram diante dos produtos de tecnologia avançada. Entre 2002 e 2012, as exportações de produtos e serviços de alta tecnologia cresceram a uma taxa anual de 10%.

Em 2015, as exportações de alta tecnologia representaram 39% das exportações israelenses. Por outro lado, desde a crise global de 2008 e 2009, o ritmo de crescimento da alta tecnologia israelense desacelerou. O prognóstico dos especialistas do Ministério da Fazenda é ainda duro: após a última crise mundial, sentiu-se uma desaceleração significativa no ritmo de crescimento do setor de alta tecnologia, que deixou de ser o motor de crescimento da economia israelense.

Desde 2010, em particular, o ritmo de crescimento da alta tecnologia é metade do ritmo da economia israelense como um todo, e seu peso na exportação caiu. Segundo o Ministério da Fazenda, a principal causa da desaceleração da alta tecnologia israelense é a escassez de mão de obra qualificada.

Em 2014, 12% dos assalariados israelenses trabalhavam com alta tecnologia, mas esse número estagnou há cinco anos. É um resultado da escassez de mão de obra: os salários aumentam, e a diferença em relação aos Estados Unidos diminui, reduzindo a atratividade do mercado de trabalho israelense para empresas estrangeiras.

A DEPENDÊNCIA NORTE-AMERICANA

Embora não seja um membro da OTAN, Israel é o país que mais se beneficia com a assistência militar dos Estados Unidos a cada ano e tem desenvolvido muitos programas militares de pesquisa e desenvolvimento em cooperação com os Estados Unidos. As vendas de armas, o transporte aéreo durante a Guerra do Yom Kipur e os acordos de cooperação de segurança são exemplos disso ao longo da história e corroboram essa relação privilegiada.

No entanto, é no nível econômico no sentido mais estrito que podemos falar de uma dependência que permanece forte, embora menos de um terço do comércio de Israel seja realizado com o mercado norte-americano e a Ásia ocupe cada vez mais espaço nisso.

Porém, essa dependência financeira permanece intacta. A vantagem da garantia dos Estados Unidos de levantar empréstimos de até US$ 3,8 bilhões é dupla. Em primeiro lugar, isso permite que Israel pegue emprestado fundos no mercado internacional a um custo menor, vendendo títulos do governo — o risco para o credor é zero porque o pagamento do crédito é garantido pelo Tesouro dos Estados Unidos. E, em segundo lugar, a concessão de uma garantia, mesmo que não seja usada na prática, melhora a classificação financeira de Israel, aumentando a confiança dos investidores estrangeiros.

Em várias ocasiões, o ex-ministro das Finanças, Yuval Steinitz, disse que Israel pode ficar sem garantias dos norte-americanos. No lado estritamente financeiro, ele tem razão: hoje, Israel detém US$ 75 bilhões de reservas em moeda estrangeira, tornando inúteis os US$ 3,8 bilhões garantidos pelos Estados Unidos. No lado político, no entanto, o governo israelense acha importante receber sinais públicos de apoio do governo norte-americano.

Em setembro de 2016, os Estados Unidos decidiram fornecer ajuda militar de US$ 38 bilhões ao longo de dez anos. Esse maná é usado principalmente para adquirir armas e equipamentos *"made in USA"*, e sua redução representaria uma perda significativa de lucros para as indústrias do país. No entanto, não podemos esquecer que a ajuda dos Estados Unidos é também um recurso importante para o orçamento militar de Israel, que já é pesado com US$ 21,6 bilhões em 2018. Em 2017, esse investimento era de 4,7% do PIB*.

Além disso, Israel continua dependendo de seu aliado norte-americano para toda uma série de projetos militares conjuntos. Assim, Israel não pode vender equipamento militar para um terceiro país, especialmente a China, sem o consentimento dos estadunidenses. Em troca, as exportações militares para os Estados Unidos aumentam a cada ano: muitas indústrias israelenses, particularmente no campo da eletrônica civil e militar, conseguiram penetrar no mercado norte-americano, assim como as indústrias aeronáuticas Elbit, Rafael, entre outras.

A pauperização da sociedade israelita

Não é por acaso que vários revolucionários ou manifestantes históricos como Marx, Freud, Einstein ou Trotsky tenham surgido do povo judeu, rei da autocrítica. Muitas vezes, explica-se que, quando dois judeus se encontram, há três opiniões. Apesar disso, alguns dos desafios nacionais são objetivos.

A bolha da alta tecnologia criou riquezas importantes, mas tem efeitos prejudiciais. Alguns setores, como o de turismo e o imobiliário, se beneficiaram desses avanços. Uma parte ínfima da população israelense enriqueceu, criando fortes dispari-

---

* https://data.worldbank.org/indicator/MS.MIL.XPND.GD.ZS?locations=IL

dades com outros estratos sociais que precisam se contentar com salários relativamente baixos. O salário executivo das 25 empresas listadas na Bolsa de Valores de Tel Aviv é 95 vezes maior que o salário médio.

O país está dividido em "centro" e "periferia", entre o eixo Tel Aviv-Haifa de um lado e a Galileia, o Negev e Jerusalém do outro, que permaneceram em grande parte fora dessa prosperidade econômica. Existem várias economias israelenses — elas são reflexos das divisões étnicas, religiosas, políticas e sociais, e isso inquieta até mesmo a comunidade empresarial. "Nossa economia é totalmente aberta e nem mesmo nós, o patronato, achamos que essas grandes lacunas sociais sejam boas", diz Dan Catarivas, da Associação de Empregadores de Israel.

As populações mais pobres são formadas por ultraortodoxos e árabes israelenses. Em 2010, os ultraortodoxos representavam 20% dos pobres no Estado de Israel, mas apenas 10% da população total. Três quartos do salário médio de uma família *haredi*, que equivale a 6,100 de NIS (Novo Shekel Israelense), em comparação a 12,000 de NIS (aproximadamente 2,400 euros) para as famílias israelenses, vêm de benefícios públicos.

Desde a década de 1990, houve certa liquidação do Estado como motor da economia, mas o movimento prosseguiu. "Nós privatizamos tudo, estradas, hospitais, transportes, educação. O Supremo Tribunal precisou intervir para que as prisões não fossem privatizadas", afirma o economista Jacques Bendelac.

Além disso, em dezembro de 2013, o Knesset aprovou uma lei para limitar a concentração do mercado e aumentar a concorrência. A riqueza do país até agora tem sido altamente concentrada, uma vez que é detida por cerca de vinte grandes grupos econômicos familiares (até 2014, 41% da capitalização de mercado era mantida pelos dez maiores grupos israelenses, sendo essa a maior concentração da OCDE — Organização para Cooperação e Desenvolvimento Econômico).

Esse sistema é duplamente crítico e desde 2010 inquieta o Banco de Israel. De fato, ele é perigoso primeiramente para o consumidor comum, que paga mais por seu produto de varejo porque há um monopólio, ou pelo menos um oligopólio, que puxa os preços para cima, reduzindo a livre concorrência. Em segundo lugar, é um risco para a estabilidade econômica do país, que pode ser repentinamente desafiada caso uma grande família se encontre em dificuldades financeiras.

Essa lei permite, assim, romper o monopólio das empresas piramidais, que agora são obrigadas a reduzir seu número de níveis subsidiários. As grandes empresas financeiras precisam se tornar grupos simples. A eficiência do sistema econômico israelense só tem melhorado, deixando mais espaço para a inovação e o empreendedorismo.

O ESTADO DAS MINORIAS

Os *haredim*, frequentemente chamados de ultraortodoxos, são judeus com uma prática religiosa particularmente forte. Eles leem a Torá diariamente nas *yeshivas*, as instituições que estudam os textos religiosos tradicionais, e dois a cada três ultraortodoxos não exercem nenhuma atividade profissional.

Eles rejeitam parcialmente a modernidade e, assim, costumam viver à margem da sociedade secular, uma fonte de perversão aos seus olhos. Defendem o separatismo social (escolas e empresas específicas) e geográfico (bairros separados, às vezes fisicamente fechados aos sábados).

No nível político, o partido Shass, sefardita, e o partido Yahadut Hatorah (Judaísmo Unificado da Torá), asquenaze, têm como programa a defesa dos privilégios de suas comunidades e a introdução de valores religiosos na sociedade. Devido à fragmentação do sistema de voto proporcional, em que eles representam quase 15% do total, os partidos são necessários para formar coalizões governamentais. Assim, seja o governo de esquerda ou de direita, eles recebem abonos familiares que, mesmo que não sejam muito altos, os mantêm fora do mundo do trabalho. Muitos religiosos preferem estudar a Torá a contribuir para a economia do país.

Eles também desconsideram a ciência. À verdade científica que depende de seus axiomas e métodos, eles contrapõem a verdade absoluta, que só é acessível pelo estudo dos textos sagrados.

Alguns dos ultraortodoxos têm certa relutância em relação ao sionismo, e às vezes ela chega à hostilidade. Eles acreditam que qualquer tentativa de criar um Estado é uma revolta contra Deus.

No entanto, os atos de violência continuam sendo uma exceção. A maioria não é sionista nem antissionista. Eles desfrutam dos benefícios do Estado sem participar do esforço coletivo nacional — para eles não há serviço militar nem comparecimento a escolas e hospitais públicos.

Desde o acordo realizado entre Ben Gurion e os rabinos asquenazes, que eram ortodoxos na época da independência de Israel, em 1948, eles foram dispensados de prestar serviço militar. Esse *status quo* é hoje desafiado pela sociedade secular israelense, que critica tanto o arcaísmo religioso dos ultraortodoxos quanto seus privilégios econômicos.

Como hoje eles representam 10% da população, com uma impressionante taxa de natalidade, até 2025 os *haredim* deixarão de ser uma minoria para se tornar um quarto da nação. A economia israelense não resistirá a isso. O risco é de que o peso da economia, e também da defesa de todo o país, seja demais para os ombros da minoria secular.

Em 2011, os ultraortodoxos e os árabes são responsáveis por mais de 50% dos nascimentos israelenses. A decisão da

180 | O VALE DE ISRAEL

Suprema Corte de fevereiro de 2012, declarando que a Lei Tal é inaplicável à isenção do serviço militar ortodoxo, é o primeiro passo para a conscientização nacional.

Apesar da decepção de Israel após os últimos protestos ultra-ortodoxos, o público está longe de ter uma opinião definitiva sobre o assunto. Para certo número de israelenses, sejam eles religiosos ou leigos, o mérito de preservar a "herança espiritual do judaísmo" pertence aos *haredim*.

No entanto, nos últimos anos, a integração econômica dos *haredim* foi estabelecida como uma prioridade nacional, e o Ministério da Economia e da Indústria definiu a meta de, até 2020, aumentar para 63% a taxa de homens ultraortodoxos que trabalham*.

Até mesmo em Bnei Brak, capital dos *haredim*, onde o Talmude e o empreendedorismo coabitam, iniciou-se um movimento de introdução à alta tecnologia e startups foram criadas.

A incubadora Kama Tech** é, portanto, uma estrutura apoiada por grandes grupos tecnológicos, que estimula uma população que, às vezes, precisa recomeçar (do alfabeto latino às tabelas de multiplicação), mas que desenvolveu um grau muito alto de agilidade de espírito. Por causa de seu estudo aprofundado do Talmude, eles assimilam as informações muito rapidamente e, acima de tudo, têm a capacidade de pensar "fora da caixa", o que é uma vantagem fundamental na criação de startups.

A NECESSIDADE DE REFORMA ELEITORAL

O sistema político israelense tem sido alvo de críticas muito severas há vários anos. O foco das acusações é o sistema

---

* Esta taxa era de 45% em 2014, e a média nacional, de 76%. (*N. do A.*)
** http://www.kamatech.org.il/english/

eleitoral, que é de representação proporcional pura, com um limiar de representação muito baixo (1,5%).

Ele foi adotado pelos pais fundadores do Estado para dar representação a uma população de origens e opções ideológicas extremamente diferentes: leigos e ultrasseculares, religiosos e ultrarreligiosos, socialistas, comunistas, liberais, judeus sefarditas ou asquenazes, judeus sionistas ou antissionistas, árabes, drusos, beduínos...

A adoção por Israel de um sistema majoritário teria inevitavelmente levado à eliminação de pequenas ou mesmo moderadas tendências na opinião israelense. Para muitos israelenses, essa é a causa de muitos problemas: é um fator de instabilidade e desamparo, que priva o primeiro-ministro e o governo de uma certa eficiência de ação. Para formar coalizões governamentais, é necessário construir uma aliança, originando promessas de todos os tipos feitas pelo partido majoritário a seus futuros aliados.

É por isso que a reforma do sistema eleitoral israelense está na agenda há muito tempo e tem sido objeto de uma infinidade de propostas de todos os tipos: aumentar o limiar de representação para 3% ou 4% dos votos expressos, dividir o país em círculos eleitorais ou introduzir no sistema israelense alguma medida de votação por maioria.

Basicamente, o foco das críticas ao sistema israelense é o fato de que o Executivo é impedido de desfrutar da estabilidade e da liberdade de ação de que gozam os Executivos dos países democráticos. Além disso, os dois primeiros-ministros passaram muito tempo se defendendo no tribunal durante o mandato, o que enfraquece a função do governo. Porém, o principal obstáculo a qualquer mudança no sistema eleitoral israelense é a violenta oposição dos pequenos partidos a modificações que representariam sua sentença de morte.

Essas diferentes fissuras, sejam elas internas ou externas, enfraquecem o escudo tecnológico da inovação e sua capacidade de proteger o desenvolvimento econômico do país. No entanto, o escudo está voltado para o futuro. Ele o constrói todos os dias.

A análise desenvolvida ao longo deste livro identifica os princípios fundamentais e as características distintivas do modelo israelense de inovação, a fim de trazer diretrizes e tendências e, assim, extrair o que pode ou não ser aplicável a outras economias.

Além das fissuras que acabamos de mencionar, o modelo de escudo é, acima de tudo, baseado em grandes princípios ou "metarregras" que definem os fundamentos da dinâmica de inovação em Israel. Então, é a combinação de seus recursos e suas habilidades essenciais que cria a especificidade do modelo israelense. Assim, a capacidade de desenvolver, combinar e implantar esses recursos e habilidades será um dos principais determinantes do futuro do escudo tecnológico da inovação. Em particular, ela permitirá que o país mantenha sua posição de liderança em setores de alta tecnologia, assegurando sua transição de uma "nação startup" para uma "nação laboratório" ou "nação P&D".

OS RECURSOS E AS COMPETÊNCIAS ESSENCIAIS

Se, como vimos, o Estado não dispõe de recursos naturais importantes (energia, água etc.), ele desenvolveu seus recursos humanos, sua "massa cinzenta" e suas competências distintas. O futuro do escudo, portanto, será em grande parte determinado por sua capacidade de desenvolver e combinar seus recursos e suas competências.

Recursos

O principal recurso de Israel é seu capital humano. Ele se desenvolve na educação, um valor fundamental para o futuro, na diversidade cultural e na passagem obrigatória pelo exército. De fato, a rede de excelentes universidades focada em ciências produziu a mais alta taxa de graduação do mundo e oito prêmios Nobel desde 2000 (a maior taxa *per capita* do mundo).

A diversidade cultural alimenta o espírito de rede e de transparência, fluidifica as trocas e estimula a criatividade. Finalmente, o IDF, o exército de defesa do país, atua como um verdadeiro catalisador de recursos humanos e desenvolve um senso de responsabilidade e iniciativa (ver Capítulo 4).

Esses três componentes moldam os homens e as mulheres do país, que desenvolvem conhecimentos, experiências, redes e habilidades únicas. Eles originam todos os dias novos pesquisadores, engenheiros, inventores e empreendedores.

Competências

Uma habilidade pode ser definida como a forma como os recursos são usados e implantados de forma eficaz. Foi, portanto, combinando seu capital humano, sua rede de universidades e o IDF, ao mesmo tempo que implementava sinergias entre o mundo acadêmico e industrial, que Israel produziu seu "quarteto mágico de P&D" (ver Introdução).

De fato, o modelo israelense se concentrou no setor a montante da cadeia de valor (P&D, inovação, *design*) em detrimento do setor a jusante (marketing etc.). Essa escolha se deve à incapacidade de criar uma oferta em massa de produtos padronizados para seu pequeno mercado. Foi, portanto, necessário focar em produtos exportáveis: ciência, pesquisa, engenharia, inovação e seu financiamento.

12. O futuro da tecnologia em Israel

ISRAEL NO CENÁRIO GLOBAL DA INOVAÇÃO TECNOLÓGICA

Para abordar a questão do futuro da tecnologia em Israel, é necessário distinguir o estado de espírito do país, a análise do ambiente global atual, as restrições impostas a um país pequeno e rico e as áreas para as quais ele pode trazer grandes avanços.

Em poucos anos, surgiram muitos concorrentes no cenário dos ecossistemas de empreendedorismo. Há novatos, como a China, de capital aparentemente ilimitado, Coreia, Singapura e Dubai, mas também há países mais maduros na competição tecnológica, como a França e a Alemanha, que recentemente têm investido em meios importantes de se manterem atualizados. Israel deve, portanto, redobrar seus esforços para permanecer na vanguarda da inovação. Os resultados mais recentes são lisonjeiros: nessa área (Índice de Inovação Global), em 2017, Israel foi classificado em primeiro lugar pela sétima vez consecutiva para a região "Norte da África e Ásia Ocidental", ocupando o 17º lugar entre 127 países (comparado ao 21º em 2016) e o 11º lugar em 2018*.

Em termos de aplicações do Tratado de Cooperação em Matéria de Patentes (PCT), para as vinte principais origens, em 2016, Israel ocupava a terceira posição em taxa anual de crescimento (WIPO, 2016, p. 78)**.

No que tange o compartilhamento de pedidos de PCT com mulheres inventoras das vinte principais origens, em 2016 Israel ocupava a segunda posição em termos de crescimento (WIPO, 2016, p. 68)***.

No campo da cooperação entre universidade e indústria, os índices de Israel estão muito acima da média, e, o país ocupa o quarto lugar nos investimentos estrangeiros em pesquisa e desenvolvimento. Para isso, Israel conta com os cinco princípios gerais de transversalidade, resiliência, serendipidade, ruptura e sinergia e também com seus principais recursos e habilidades, que são o capital humano — produto da educação, da diversidade cultural e do IDF — e a P&D.

AS TECNOLOGIAS DA INDÚSTRIA 4.0

O universo de pesquisas voltadas à indústria viu nestes últimos cinco anos o surgimento meteórico de um tema: a Indústria 4.0. Com foco nos estudos da quarta revolução industrial, o termo Indústria 4.0 foi discutido pela primeira vez durante a Feira de Hanôver na Alemanha, em 2011 (Drath; Horch, 2014). O termo ganhou visibilidade internacional, e recebeu diversas

---

* https://www.globalinnovationindex.org/analysis-indicator
** https://www.wipo.int/edocs/pubdocs/en/wipo_pub_941_2017-chapter2.pdf
*** https://www.wipo.int/edocs/pubdocs/en/wipo_pub_941_2017-chapter2.pdf

denominações em diferentes países. Na Alemanha, "Plattform Industrie 4.0"; na França, "Aliance Industrie du Futur"; na Itália, "Piano Indústria 4.0"; no Brasil, "Indústria 4.0"; no Japão, "Connected Industries"; nos Estados Unidos, "Advanced Manufacturing USA"; e na China, *"Made in China 2025"* (Silva, Kovaleski e Pagani, 2018).

A Indústria 4.0 pode ser definida como o conjunto de operações que envolvem tecnologias de última geração. Essas tecnologias utilizam robôs autônomos, sistema automatizado, sistema cibernético físico, veículos autônomos, inteligência artificial, Internet das Coisas, leitores digitais, Big Data, Data mining, computação em nuvem, realidade aumentada e virtual, simulação, entre outras (Silva, Kovaleski e Pagani, 2019).

Como não poderia ser diferente, Israel participa ativamente do cenário 4.0. Dentre as tecnologias da Quarta Revolução Industrial, o destaque é a Inteligência Artificial, com um percentual de crescimento de mais de 70% das indústrias neste setor entre os anos de 2015 e2018, e com um crescimento de capital de mais de 150%, segundo o relatório da Israel Innovation Authority de 2018-2019.

Inteligência artificial

Nos últimos anos, os avanços de máquinas que superam os seres humanos têm sido evidentes. O recente desenvolvimento de tecnologias computacionais e técnicas algorítmicas, como o *deep learning* e a análise de Big Data, permitiu que os programas de computador superassem o homem em algumas de suas habilidades cognitivas icônicas (xadrez, pôquer...). Esses sucessos impressionantes incentivam a inovação e suscitam uma pergunta inevitável: o que vem a seguir?

188 | O VALE DE ISRAEL

A inteligência artificial pode ser entendida como a aplicação de softwares e técnicas de programação que enfatizam os princípios da inteligência em geral e do pensamento humano em particular. Em Israel, mais de quinhentas empresas iniciantes estão ativas neste setor. É impossível falar sobre a inteligência artificial de Israel e não mencionar o sucesso da MobilEye, uma empresa de US$ 15,3 bilhões comprada pela Intel, que tem desenvolvido sistemas de assistência a veículos. A empresa desempenha um importante papel no desenvolvimento de carros autônomos.

De acordo com um de seus fundadores, o professor Amnon Shashua, embora os carros totalmente automatizados só sejam esperados para depois de 2021, a direção semiautomatizada deve se desenvolver muito mais rapidamente. "Perdemos 400 bilhões de horas da nossa vida dirigindo, imaginem o que seria possível fazer durante esse tempo livre: dormir, ler, assistir a filmes etc.", disse Ziv Aviram, um dos fundadores da empresa.

A Volkswagen percebeu as mudanças que nossas empresas vão enfrentar e investiu US$ 300 milhões na Gett, concorrente da Uber nos Estados Unidos e na Europa, com sede em Tel Aviv. É uma prova de que nossas empresas, especialmente no setor de transportes, têm passado por profundas mudanças, e Israel pode se orgulhar de ter criado startups como a Otto, Pangolin, Valens, Moovit ou Ituran em seu território (veja a lista de 100 empresas inovadoras no Apêndice 2).

Nessa área, ainda mais do que em outras, a vantagem competitiva de Israel é sua experimentação militar, particularmente com sistemas de orientação de mísseis e de drones que reconhecem os movimentos de um indivíduo e também dispositivos que se movem muito mais rápido do que um veículo.

Entre outras coisas, o desenvolvimento da inteligência artificial é possibilitado pela análise e pela inteligência de dados, que examinam diversas formas de dados para orientar as decisões tomadas pelas empresas. A coleta e o uso desse material vão se tornar muito importantes nos próximos anos. Esses dados são em parte provenientes de dispositivos conectados: smartphone, tablets, computador etc.

Com o desenvolvimento da Internet das Coisas (IoT), mais e mais dispositivos coletam dados pessoais sobre os hábitos, movimentos e preferências dos usuários. A Internet das Coisas é a principal responsável pelo aumento exponencial da quantidade de dados gerados na rede, pela origem do *Big Data* e de sua importância.

O uso desses dados mudará drasticamente nossos métodos de tomada de decisão. De fato, ele permitirá que as máquinas levem em conta uma quantidade muito grande de informações e, assim, mostrem resultados mais precisos e relevantes. Os líderes de negócios que anteriormente confiavam em suas percepções e experiências para tomar decisões enfrentarão uma reviravolta em seus métodos.

Michael Feindt, físico e especialista em algoritmos, declarou que "O melhor gerente, mesmo que tenha muita experiência, não consegue lidar com mais de três ou quatro fatores influentes, mas uma máquina consegue calcular a probabilidade de distribuição e tomar uma decisão ótima matematicamente".

A análise de dados também será desenvolvida na área de publicidade direcionada e, de forma mais geral, em sites de vendas on-line. Os dados coletados pela IoT de um usuário específico são tão precisos que é possível analisar seus hábitos e, a partir daí, oferecer-lhe uma propaganda ou proposta comercial de acordo com sua pesquisa anterior.

Nessa área, a Taboola e a Outbrain são líderes. Essas duas empresas, nascidas há pouco mais de dez anos em Israel, tornaram-se essenciais no campo da publicidade on-line.

190 | O VALE DE ISRAEL

No entanto, a eficácia delas não é ótima. De fato, seu objetivo futuro é desenvolver uma tecnologia que possa identificar um usuário, analisar todos os dados coletados sobre ele e lhe oferecer conteúdo relacionado a suas afinidades e preferências. Isso permitiria aos usuários manter informações sobre seus tópicos de interesse em todos os momentos, reduzindo consideravelmente o tempo que eles gastam procurando o que desejam. As empresas israelenses entenderam a evolução da sociedade e, em termos de análise e uso de dados, estão prontas para desenvolver novas tecnologias para realizar a experiência do usuário.

A análise de dados também é importante no campo das finanças. De acordo com o The Floor, um centro de startup em Tel Aviv, mais de 430 empresas israelenses têm desenvolvido produtos que atendem às necessidades do setor de Fintech*, que vão desde bancos digitais até captação de recursos. A reputação de Israel em ciência de dados atraiu mais de US$ 650 milhões em capital de risco para o setor. As tecnologias para instituições financeiras devem ser extremamente robustas, e é por isso que Israel sobressai nesse campo.

Diversas Fintechs israelenses foram selecionadas pela KPMG para figurar em sua lista de 100 empresas mais promissoras de 2016. Entre elas, encontram-se a Payoneer** e a OurCrowd***. A Payoneer oferece transferências de dinheiro on-line e serviços de e-commerce, enquanto a OurCrowd é uma plataforma de *crowdfunding* para investidores profissionais com foco em startups em treinamento.

Todas as instituições estão percebendo a importância de usar análise de dados no futuro para melhorar o desempenho em todas as áreas. No entanto, poucas têm realmente colocado

---

* https://www.conexaofintech.com.br/
** https://www.payoneer.com/
*** https://www.ourcrowd.com/

isso em prática. É o caso de Kira Radinsky, cofundadora da SalesPredict*, uma empresa israelense comprada pela Ebay que usa dados para prever o futuro. De fato, seu fundador, selecionado entre os 35 jovens mais inovadores do mundo pela MIT Tech Review, criou um software que — baseado em dados históricos, econômicos e sociológicos — é capaz de prever eventos em um futuro próximo. O jovem pesquisador do Instituto Technion explica: "Mesmo que no futuro cada evento ocorra em circunstâncias particulares, ele ainda assim obedece a um modelo já observado no passado."

Para os próximos anos, Radinsky planeja desenvolver essas previsões em outras áreas. A análise de dados será capaz de informar as empresas sobre oportunidades interessantes de investimento ou de encontrar a pessoa ideal para uma posição com uma simples análise dos dados conhecidos sobre os candidatos.

CIÊNCIAS BIOLÓGICAS

A importância para Israel do setor de ciências biológicas já foi mencionada no Capítulo 10. As ciências biológicas, das biomoléculas nos ecossistemas, encontram-se hoje no centro das questões fundamentais da sociedade israelense. O desenvolvimento sustentável, as biotecnologias e nanotecnologias, a saúde e o meio ambiente apresentam números impressionantes: em 2016, as 350 novas empresas de saúde somaram mais de US$ 820 milhões de investimento, ou 20% dos investimentos em alta tecnologia do Estado hebreu. Nos últimos dez anos, esse montante alcançou 26% dos investimentos nacionais no setor de alta tecnologia (Figura 17 do caderno de imagens).

---

* www.salespredict.com

192 | O VALE DE ISRAEL

Esses números, no entanto, são qualificados de acordo com os subsetores. Em 2016, os dispositivos médicos continuaram atraindo a maioria dos investimentos em ciências biológicas, tanto em termos de valores investidos quanto em número de transações. O setor biotecnológico/farmacêutico continuou sendo o segundo subsetor mais importante em 2016, mas os investimentos caíram drasticamente a partir de 2015. O terceiro maior subsetor é a saúde, que tem o maior crescimento em termos de valor.

A empresa de consultoria PwC publicou um relatório chamado "Da Visão à Decisão — Pharma 2020", no qual afirma que a combinação de avanços tecnológicos e mudanças sociodemográficas aumentará a demanda por medicamentos. A liberalização das trocas impulsionará a prosperidade do setor farmacêutico daqui a dez anos, particularmente por meio da generalização de terapias baseadas em aplicativos instalados em dispositivos móveis (smartphones, tablets...) que possibilitarão um atendimento médico mais acessível, mais rápido, melhor e mais barato.

Muitos cientistas israelenses contribuíram para esses avanços e se tornaram renomados, como os professores Aaron Ciehanover e Avram Hershko, do Instituto Technion (Prêmio Nobel de Química de 2004), o professor Alexandre Levitzki da Universidade Hebraica (Prêmio Wolf de Medicina em 2005), a professora Ada Yonat e os professores Michael Sela e Ruth Arnon (Prêmio Wolf de Medicina) pelo conjunto de suas descobertas em imunologia.

Em uma entrevista para o site Israel Valley, ela disse: "Em Israel, a ciência enfrenta um duplo desafio. Por um lado, devemos apoiar as áreas de pesquisa nas quais já estamos nos destacando, fornecendo aos cientistas os meios para continuar seu trabalho e prosperar; em muitos casos, isso requer a construção de uma infraestrutura cara. O segundo desafio será promover a pesquisa aplicada, em especial a pesquisa biomédica, na qual o ramo clínico, o farmacêutico e o desenvolvimento de medicamentos são objetivos acessíveis. Para isso, é essencial aumentar o apoio governamental à P&D em comparação ao apoio fornecido pelas empresas privadas."

Uma das principais tendências está relacionada à contribuição da inteligência artificial em pesquisas ligadas à saúde, e dois exemplos podem ser dados. A Zebra Medical Vision, uma startup israelense, usa algoritmos de inteligência artificial que leem exames médicos e detectam qualquer anomalia antes que os seres humanos possam fazê-lo. O objetivo é fornecer tecnologias médicas de nova geração para mercados emergentes. O segundo exemplo é a Healthymize, que ganhou o primeiro prêmio em uma competição de startups da área de saúde. Ela desenvolveu um sistema de vigilância automatizado para padrões de sintomas e esquemas de voz para detectar anomalias e sinais de uma possível manifestação da doença.

Esses exemplos não são isolados, e o ambiente inovador de Israel e a crescente importância da relação entre "laboratórios científicos" e "saúde digital" coloca o país numa posição forte para desempenhar um papel protagonista no setor.

O caso especial da *Braintechnology*

O ex-presidente israelense Shimon Peres sonhava em ver seu país se tornar um líder nos esforços globais para ajudar os 2 bilhões de pessoas com doenças cerebrais. Por causa disso, criou-se o instituto Israel Brain Technologies[*], que se propôs a se tornar o epicentro da pesquisa sobre tecnologias cognitivas.

---

[*] http://israelbrain.org/

194 | O VALE DE ISRAEL

Segundo seu líder, Dr. Rafi Gordon, fundador da Chromatis Network, a Braintechnology (ou Braintech) se caracteriza por novos desenvolvimentos, pela aceleração da inovação e por uma indústria frutífera. Israel tem muitas vantagens nessa área e pode se posicionar como protagonista global nas pesquisas inovadoras sobre o cérebro, sobre a tecnologia e sobre os investimentos necessários para tratar, administrar e curar doenças cerebrais.

A IBT lançou o prêmio B.R.A.I.N. (Pesquisa Revolucionária e Inovação em Neurotecnologia) de US$ 1 milhão que será dado à pessoa ou equipe, de todo o mundo, que conseguir demonstrar um avanço extraordinário na tecnologia cerebral com implicações globais. O Dr. Gidron* tem um objetivo claro: "Espero que em dez anos possamos ver em Ísrael uma indústria cerebral semelhante à indústria de alta tecnologia que vemos hoje no país."

Para entender esse estado de espírito, temos que voltar à declaração completa do Sr. Peres: "Não há dúvida de que a pesquisa do cérebro na próxima década vai revolucionar nossas vidas e ter um impacto em áreas tão importantes quanto a medicina, a educação, a informática e o espírito humano, para citar algumas. Além disso, ela não só aliviará o sofrimento de pacientes com doenças debilitantes, como Parkinson e Alzheimer, mas também gerará recompensas econômicas significativas." Esse é um exemplo do modo de pensar israelense que procura conciliar a humanidade e a busca do lucro.

Uma das áreas mais promissoras é a das células-tronco e da medicina regenerativa. Essas terapias são capazes de reparar órgãos ou tratar doenças degenerativas. A maioria dessas técnicas ainda permanece empírica, e os segredos da linguagem molecular usada pelas células estão longe de serem decifrados. Assim, os pesquisadores que dominam essas tecnologias são raros, e Israel tem poucos deles.

---

* http://israelbrain.org/tag/dr-rafi-gidron/

Uma das empresas líderes nesse setor em Israel é a ElMindA, considerada uma das 49 startups mais inovadoras pelo Fórum Econômico Mundial. Enquanto a maioria dos sistemas de controle do cérebro requer uma abordagem invasiva, a ElMindA usa um fone de ouvido que avalia as conexões neurofisiológicas do cérebro em alta resolução. Os dados são analisados por algoritmos especialmente desenvolvidos pela empresa para reconstruir imagens do cérebro em três dimensões. Essa tecnologia ajuda os médicos e permite detectar precocemente doenças degenerativas. Ademais, elas ajudam a melhorar nossa compreensão de como o cérebro funciona. O objetivo é torná-las mais precisas para impactar positivamente a vida de pessoas com doenças cognitivas.

Fundada em 2008, a empresa Neuronix, com sede em Israel e com uma clínica nos Estados Unidos, tem desenvolvido novos métodos para mudar o tratamento da doença de Alzheimer, oferecendo esperança e a possibilidade de melhorar, a longo prazo, a qualidade de vida dos pacientes.

A empresa BioEye, por sua vez, tem desenvolvido uma tecnologia que permite controlar o estado cognitivo do cérebro por meio do smartphone, permitindo uma rápida detecção do declínio cognitivo e, assim, a aplicação mais rápida dos medicamentos apropriados.

SEGURANÇA CIBERNÉTICA

"A segurança cibernética é um setor próspero que tem se tornado cada vez mais importante. A segurança cibernética nunca é uma solução permanente; ela é um negócio ilimitado", disse Benjamin Netanyahu na sétima conferência anual de segurança cibernética da Universidade de Tel Aviv.

As ameaças estão crescendo nessa área. Os ataques são menos direcionados, afetando todos os setores. Segundo o Fórum Econômico Mundial, nos próximos dez anos, a probabilidade de uma falha grave nas infraestruturas críticas de informação é de 10%. O prejuízo resultante poderia ser de US$ 250 bilhões. Os ataques direcionados têm aumentado mundialmente e se adaptam à estrutura empresarial de cada país.

Israel está bem posicionado para desenvolver o setor de segurança cibernética e criar tecnologias para o futuro. De fato, a segurança tem sido uma prioridade social, cultural e política desde a fundação do país. E, desde a sua criação, Israel teve de se manter constantemente vigilante para lutar e repelir ameaças inimigas. Assim, os gastos militares no campo da segurança são consideráveis, particularmente em seus ramos mais modernos.

Devido a fatores culturais, políticos e sociais, a experiência de Israel com segurança cibernética evoluiu naturalmente para segurança de rede, mecanismos de identificação e de combate à fraude, e proteção de dados. De fato, Israel se tornou um líder nessas áreas com empresas como CheckPoint e CyberArk, especialista em proteção de dados. Essas empresas lideram o mercado de segurança cibernética. Os produtos da CyberArk são usados por mais de 50% das empresas da *Fortune 100* para proteger suas informações mais preciosas, sua infraestrutura e seus aplicativos.

De acordo com Gil Schwed, CEO da CheckPoint, "A segurança cibernética é um mercado em constante evolução; novas ameaças e vetores de ataques surgem continuamente. Assim, as estruturas devem mudar constantemente. O desafio é se adaptar e permanecer flexível para combater todas as ameaças".

Atualmente, os objetos estão cada vez mais conectados, seja no âmbito pessoal ou profissional. Os ataques não se limitam mais a computadores da maneira clássica; o alvo agora são os dispositivos portáteis, uma porta de entrada para nossas vidas, atividades e deslocamentos.

No futuro, o principal alvo dos hackers será a nuvem. Hoje, a cibernética se concentra mais nas chamadas tecnologias de "pós-ataque": uma vez que um ataque é descoberto, todos se posicionam para compensar a falha. De acordo com o cofundador da CheckPoint, Marius Nacht, no futuro o foco será uma nova arquitetura unificada que se baseie na prevenção de ataques, evitando, assim, a existência de falhas. Essa solução exclusiva proporcionaria melhor segurança, mais eficiência e seria menos dispendiosa.

IMPRESSÃO 3D

Nos últimos anos, o campo de aplicação da impressão 3D cresceu consideravelmente: tecido biológico artificial, impressão ultrarrápida de formato amplo, tinta condutora, impressão em escala de mícron, plataforma de vendas segura etc. Há anos, anuncia-se que a impressão 3D revolucionará quase todos os setores da economia. No entanto, entre esse anúncio e a realidade, alguns observadores têm demonstrado certa impaciência. Graças ao progresso das técnicas de impressão e à chegada de novas startups, estão surgindo soluções inéditas. Por exemplo, a startup Nano Dimension* imprime placas de circuito impresso usando tinta condutiva, o que representa uma grande inovação que irá mexer com o método de fabricação de componentes eletrônicos. As equi-

---

* https://www.nano-di.com/

pes de produtos poderão fabricar protótipos de circuitos impressos de multicamadas diretamente na impressora 3D, o que reduzirá drasticamente os custos de pesquisa.

A Xjet, fundada por Hanan Gothait, tornou-se a principal comerciante da Nasdaq no setor de impressão 3D. Essa nova empresa, que produz impressoras 3D que usam tinta líquida, mudará a forma como a produção em massa é feita em muitos setores. Usando nanopartículas, a tinta líquida pode substituir a produção 3D em laser para produzir muitos materiais, como dentes de cerâmica e ferramentas de corte de carbeto de tungstênio.

Uma observação: essa vantagem competitiva resulta claramente da experiência da análise digital de imagens relacionada ao campo militar. Essa é provavelmente uma das razões que levou uma empresa como a HP a comprar empresas israelenses por um total de mais de US$ 6 bilhões.

O Yissum Research Development* criou uma impressora 3D capaz de imprimir alimentos a partir de nanocelulose que podem ser modificados para fornecer diferentes nutrientes (proteínas, carboidratos, gorduras, vitaminas...) de acordo com os requisitos nutricionais necessários. Por exemplo, esses novos alimentos podem conter todas as necessidades nutricionais para um dia inteiro. Por conseguinte, será possível obter uma dieta personalizada de acordo com as necessidades de cada indivíduo, por exemplo, sem glúten, sem açúcar, sem colesterol, com esta ou aquela vitamina, e também será possível adicionar sabor a essa nanocelulose de acordo com cada indivíduo.

---

* A Yissum Research Company é uma empresa criada em 1964 para comercializar inovações desenvolvidas por pesquisadores da Universidade de Jerusalém. (N. do A.)

QUAL O FUTURO DO VALE DE ISRAEL?

Um dos grandes pontos fortes de Israel é que seus cidadãos têm tanta segurança a respeito de seu próprio valor que o país já está pronto para exportar, como foi feito pelo Instituto Technion, que venceu o concurso lançado pela Universidade Technion-Cornell. Em setembro de 2017, as portas de um *campus* futurista se abriram na ilha de Roosevelt, conectada por teleférico a Manhattan e ao Queens. A fundação da instituição se baseou no recrutamento de professores renomados, mas sobretudo no lançamento de programas de criação de startups no ramo de pesquisa aplicada.

Com seus programas de tecnologias de saúde, mídias conectadas e tecnologias urbanas destinadas a enriquecer o ecossistema de Nova York, o centro acelerará ainda mais a transferência de tecnologias. Seu programa de pós-doutorado Runway Startup foi concebido para ajudar os alunos a transformar suas pesquisas em negócios. Escolhidos a dedo, esses alunos recebem US$ 175 mil, incluindo um salário para desenvolver seu projeto em até 24 meses e uma estrutura avaliada em US$ 400 mil.

Em troca, a Universidade de Haifa instalou em seu campus um grande centro de pesquisa da IBM em 2017, e a Universidade Hebraica de Jerusalém se orgulha de ter em seu corpo docente o professor Amnon Shashua, recrutado em 1996 para a Faculdade de Ciências da Computação e Engenharia. Foi ele quem fundou a Mobileye, empresa já citada que foi comprada pela Intel, gigante norte-americana do setor de microprocessadores, por US$ 15 bilhões — foi a maior transação já registrada no Estado de Israel.

Outro avanço internacional para o Instituto Technion foi o investimento bilionário do chinês Li Ka-shing, que investiu US$ 130 milhões para criar, no sul da China, uma filial do instituto que será instalada na província de Guangdong, perto da cidade de Shantou. Inicialmente, o futuro Technion chinês se especializará em ciências da computação, engenharia ambiental e ciências biológicas, incluindo biotecnologia. O inglês será a língua de instrução. Antes de os edifícios estarem totalmente construídos, um primeiro contingente de quarenta estudantes chineses fará um curso de dois anos em Haifa. Os alunos retornarão para seu país no terceiro ano. A longo prazo, a filial chinesa também expandirá suas atividades para o setor de engenharia aeronáutica.

Esse magnífico avanço não é um caso isolado e reflete um estado de espírito original. Israel não espera para ser uma mera presa; ele busca diretamente a fonte dos capitais. Mais de mil empresas israelenses se instalaram nos últimos anos na China, que se tornou o terceiro maior parceiro comercial de Israel, depois dos Estados Unidos e da União Europeia. As exportações de Israel para a China ultrapassaram US$ 3,2 bilhões no ano passado, em comparação a apenas US$ 300 milhões há alguns anos. Mas essa "corrida para a Ásia" não se limita à China. Israel também tem estabelecido relações com a Coreia do Sul, Singapura e Japão. Esse aumento de poder dos países asiáticos é percebido pelos Estados Unidos e pela Europa como um risco. Para Israel, é uma oportunidade formidável de se desenvolver.

O marketing, as finanças e o modo como a inovação tem se espalhado mudaram nos últimos anos, e é por isso que uma estrutura específica foi criada: a Autoridade de Inovação de Israel, que se define como um novo tipo de agência governamental que recusa um funcionamento burocrático da inovação, pois isso seria contraditório. Sua ação se baseia no triângulo virtuoso formado por empresas, universidades e governo, que não é fácil de ser instalado e ainda menos de ganhar vida. Para citar um exemplo, podemos voltar ao instituto Israel Brain Technologies, mencionado anteriormente, e seu diretor, o Dr. Gidron, que afirmou que um momento fundamental na vontade de Israel de se tornar líder da BrainTech foi quando o país decidiu fazer todas as pessoas mais capacitadas trabalharem juntas em um mesmo ambiente. Segundo ele, um instituto é "o único tipo de organização que pode unir as peças: os atores das diferentes disciplinas científicas, os especialistas em tecnologia, as universidades, o mundo dos negócios".

Para apoiar essas medidas, Israel contará com uma ajuda que alguns anos atrás pareceria inesperada: a exploração do gás descoberto em sua costa. O primeiro-ministro Benjamin Netanyahu disse, em 2017, que Israel receberá cerca de 4 bilhões de euros em royalties de gás nos próximos anos, e que parte desse valor será dedicada à educação. Estima-se que o montante total do aporte financeiro levará a um aumento suplementar de 2% no PIB alocado à educação, e a alocação *per capita* nessa área já é a mais alta do mundo.

É importante para Israel manter-se "um passo à frente". Todos os avanços tecnológicos inovadores mencionados anteriormente terão, em breve, de ser regulamentados (proteção da privacidade, segurança relacionada a veículos autônomos, multiplicação de drones no céu...), e essas restrições futuras podem limitar a proliferação de iniciativas nesses setores. Por isso, é importante explorar novos mercados.

Essa vigilância do setor de inovação é ainda mais indispensável já que um número crescente de atores intervém no mundo e em áreas onde apenas investimentos maciços permitem progressos significativos. O mito da startup que revoluciona o mundo de dentro de uma garagem acabou. Os novos modelos que estão surgindo mostram uma "industrialização" do empreendedorismo que ainda deixa uma grande parte a cargo da inteligência humana, seja ela individual ou coletiva. É devido a essa constatação que Israel tem confiança no seu próprio futuro.

PROFESSOR SHECHTMAN, PRÊMIO NOBEL DE QUÍMICA EM 2011

Edouard Cukierman e Daniel Rouach entrevistaram o professor Shechtman, Prêmio Nobel de Química. Na ocasião, acompanharam também a entrevista Rémy Leclercq e Jérémy Dahan. A seguir, o resumo do que foi o encontro.

Daniel Rouach: Pela sua experiência, que área de pesquisa você acha que Israel irá explorar daqui a dez ou quinze anos?

Professor Shechtman: Penso que será a biotecnologia.

Daniel Rouach: E não nanotecnologia, neurociência ou robótica?

Professor Shechtman: Com biotecnologia, eu também quis dizer neurociência e tudo que está relacionado à biologia no sentido geral do termo. Quanto à nanotecnologia, ela é constantemente desenvolvida, mas não a vejo tão espalhada, embora eu possa estar errado. É muito difícil prever o futuro.

Daniel Rouach: Sendo otimistas, e como um pequeno país com poucas universidades, você acha que Israel tem capacidade de dominar o desenvolvimento intensivo de suas pesquisas? Você diria que isso requer uma cooperação total com os Estados Unidos?

Professor Shechtman: Não necessariamente com os Estados Unidos, mas também com a Europa. A pesquisa científica é internacional, envolve a colaboração entre países, mas em um nível individual, local. Para isso, alguns acordos foram estabelecidos entre governos e me parece que, no futuro, nosso século se concentrará mais na biologia e em outras áreas afins.

Daniel Rouach: Israel tem muitos cientistas, mas estamos preocupados com a fuga de cérebros. Você acha que Israel tem capacidade de reter seus cientistas e pesquisadores de alto nível para dominar essa evolução?

Professor Shechtman: Você está absolutamente certo, devemos parar esse "exílio" de cérebros: eu o chamo de exílio porque esses cientistas e pesquisadores querem voltar, mas não têm onde trabalhar aqui. Precisamos construir centros de pesquisa patrocinados, a fim de ganhar renome internacional nessas áreas

Daniel Rouach: Em suas discussões com o Parlamento de Israel, você expressou preocupação e explicou que estavam surgindo muitas dificuldades para o futuro, muitas das quais para a educação. Pode falar mais sobre isso?

Professor Shechtman: Falta-nos um sistema educacional adequado: temos cada vez menos candidatos a estudos de pós-graduação em engenharia e ciências. Precisamos trabalhar nisso para que mais jovens se especializem em matemática, física, química e biologia no ensino médio. Precisamos encorajar isso e encorajar jovens talentosos, porque o único recurso natural que esse país tem é a sua massa cinzenta. É por isso que precisamos cultivar seus talentos e orientá-los para a engenharia e a ciência.

Edouard Cukierman: Como hoje em dia estamos mais interessados nos avanços futuros da biotecnologia, você sabe de alguma aplicação ou inovação que afetaria a sociedade? Nossa empresa de capital de risco investe em diferentes empresas de tecnologia que, em sua maioria, afetam os próprios indivíduos, como a Mobileye ou a StoreDot*. Você conhece outras tecnologias que poderiam ser desenvolvidas em Israel e que afetariam os indivíduos?

---

* https://www.store-dot.com/

Professor Shechtman: Tais invenções já existiram no passado e tenho certeza de que isso continuará. Vou dar um exemplo: a irrigação por gotejamento mudou o mundo. A agricultura em zonas áridas é agora muito mais extensa graças ao desenvolvimento desse tipo de tecnologia em Israel. Existem muitas inovações que vêm de Israel e que talvez as pessoas não conheçam. Especialmente no campo de alta tecnologia, as grandes empresas têm centros de desenvolvimento em Israel. Se você tem componentes Intel em seu computador, eles provavelmente foram desenvolvidos aqui, embora não sejam fabricados em Israel. Todas as grandes corporações do mundo têm centros como esses, que amplificam o impacto de Israel no mundo da alta tecnologia.

Daniel Rouach: Durante uma das suas apresentações no Technion, a que assisti com um grupo de estudantes franceses, eles ficaram impressionados com o seu desejo de incentivar o empreendedorismo. Na época do seu começo, isso lhe parecia natural ou você achava que Israel precisava que os jovens se tornassem empreendedores?

Professor Shechtman: É uma pergunta excelente. Toda a minha carreira foi feita no Technion, onde, enquanto estudante, nos explicaram que, depois de formados, seríamos tão brilhantes que todos iriam querer nos contratar. É claro que achei maravilhoso, mas como criaríamos nossa própria empresa? O Technion não me deu uma resposta, e foi em 1986, depois de ter lecionado durante dez anos, que decidi inventar esse curso. Ele tem de trezentos a seiscentos alunos, e mais de 10 mil graduados do Technion já o fizeram. Ele faz com que o jovem desenvolva um conhecimento e um espírito empreendedor que se espalha rapidamente entre aqueles que desejam se tornar empreendedores. Eles pensam de maneira inovadora e podem afetar radicalmente um pequeno país como Israel.

Daniel Rouach: A Universidade de Tel Aviv convidou recentemente 15 professores de todo o mundo para uma semana inteira de descobertas sobre o tema "a nação startup". Eles ficaram muito impressionados com o que descobriram. Você acha que essa realidade de "nação startup" continuará? Ou ocorrerá alguma mudança radical capaz de transformar "nação startup" em "nação P&D"?

Professor Shechtman: Ambas são indispensáveis: a "nação startup" depende da "nação P&D", e posso lhe garantir que o investimento em P&D na indústria em Israel aumentou significativamente.

Daniel Rouach: Edouard Cukierman e eu passamos sete anos escrevendo um livro que formaliza mais ou menos o modelo israelense de inovação. Nós discutimos o fator militar e temos uma opinião diferente sobre esse tema. Hoje, observamos os principais investimentos que o IDF implementou, incluindo o Domo de Ferro e seu impacto na indústria civil. Você acha que esse campo continuará sendo importante?

Professor Shechtman: Certamente. A experiência militar em Israel é única na medida em que treina jovens, expondo-os, por um lado, a campos como o de alta tecnologia e de conhecimento cibernético; por outro lado, isso lhes dá um senso de responsabilidade, comando e habilidades de gerenciamento que serão extremamente úteis para eles ao se tornarem empreendedores.

Daniel Rouach: Vinte anos atrás, você imaginava que hoje Israel estaria melhor do que é agora?

Professor Shechtman: O desenvolvimento de altas tecnologias acelerou com o passar dos anos. Quando olhamos para o futuro, a tendência é pensar de forma linear, mas para as altas tecnologias não existe linearidade, tudo é parabólico: só existem acelerações ou desacelerações. Nada é linear neste mundo, então eu não poderia esperar o resultado atual, mas estou muito feliz com ele.

Daniel Rouach: Você está otimista com o futuro de Israel?

Professor Shechtman: Totalmente otimista, porque temos pessoas formidáveis aqui. Se analisamos o que está acontecendo ao nosso redor, percebemos que Israel é como uma ilha de estabilidade e democracia. Tudo ficará bem.

13. As tecnologias israelenses: oportunidades para o Brasil

Capítulo escrito pela profª Regina Negri Pagani, da Universidade Tecnológica Federal do Paraná (UTFPR)

RELAÇÕES DIPLOMÁTICAS BRASIL–ISRAEL

Brasil e Israel possuem um forte laço desde a criação do Estado judeu. Em 1947, o então diplomata brasileiro Oswaldo Aranha presidiu uma sessão especial da Assembleia Geral da ONU e apoiou a partição da Palestina britânica, evento que levou à criação do Estado de Israel, em 1948. O diplomata foi considerado "fundamental para a decisão da ONU na criação do Estado judeu, em 1948"[*]. Apesar deste forte laço, as relações entre os dois países se distanciaram consideravelmente durante os últimos governos.

A partir das novas eleições brasileiras realizadas em 2018, esses laços voltaram a se fortalecer, e a

---

[*] https://www.gazetadopovo.com.br/mundo/oswaldo-aranha-o-brasileiro-por-tras-da-criacao-do-estado-de-israel-940c42f3jopv23mfjyys4q2fi/

208 | O VALE DE ISRAEL

cooperação entre os dois países parece estar no limiar de grandes realizações conjuntas.

No início de 2019, por ocasião da tragédia de Brumadinho, em Minas Gerais, Israel enviou ao Brasil uma missão com 130 especialistas em buscas do IDF para auxiliar nos resgates. A delegação foi composta de soldados, oficiais, engenheiros, médicos e especialistas da unidade submarina da Marinha israelense. Também viajou junto com a delegação o embaixador de Israel para o Brasil, Yossi Sheli. Além de pessoal, a delegação trouxe consigo equipamentos de última geração para auxiliar na localização de sobreviventes e corpos soterrados pela lama da barragem da mineradora Vale, que se rompeu no dia 25 de janeiro de 2019. Foram mais de 12 horas de viagem, e foi o maior contingente estrangeiro enviado para auxiliar nas buscas.

Perfil Brasil–Israel

O Brasil é um país de proporções continentais, um verdadeiro gigante. Suas riquezas naturais são abundantes em terra, cujo solo é, em sua maior parte, fértil e facilmente cultivável. Seu subsolo apresenta uma grande quantidade de minérios, metais e pedras preciosas. Sua costa, extensa e geralmente de fácil acesso, também proporciona riquezas de origem marinha, como a pesca e o petróleo. Em função dessa abundância, as riquezas do nosso país sempre foram subvalorizadas e exploradas sem muito critério ao longo dos séculos após a sua descoberta e colonização.

Desde os primórdios do século XIV, quando a Revolução Industrial se instaurou em vários países, o Brasil conseguiu produzir pouca inovação em relação ao seu potencial de desenvolvimento. Seu território extenso, com terras férteis e facilmente cultiváveis, fez com que o Brasil se tornasse um grande exportador de matérias-primas e *commodities*, em detrimento de outros produtos industrializados de maior valor agregado, mas que exigiriam para isso investimentos mais sólidos em P&D. Assim, além de exportador de matérias-primas, somos também o país das montadoras. Aqui apenas montamos os veículos, que são criados e desenvolvidos em outros países, onde o conhecimento é mais valorizado do que em nossa nação.

Além da riqueza dos recursos naturais abundantes, o Brasil possui também recursos humanos excelentes. Nossos pesquisadores apresentam qualidades que são reconhecidas mundialmente em termos de dedicação, competência, flexibilidade, comprometimento e extensa criatividade. Todavia, durante muito tempo a pesquisa não recebeu a atenção necessária para que o país pudesse se tornar um grande produtor de conhecimento tecnológico. As instituições carecem de laboratórios, equipamentos, insumos e estruturas mais modernas para um melhor funcionamento. Também é necessário repensar o papel dos pesquisadores, já que no Brasil o professor precisa realizar as atividades de ensino, pesquisa e extensão.

O capital humano, assim como os recursos naturais, não é valorizado como deveria. No Brasil, são necessários cinco anos para formar um engenheiro em nível de graduação, enquanto em outros países são três anos. Desse ponto de vista, custa muito caro para o país a formação de uma força de trabalho qualificada. E é comum que parte desses recursos humanos migre para outros países para lá fomentar o P&D de produtos e serviços que, mais tarde, são importados pelo nosso país a preços bastante elevados. Como consequência, o crescimento do país ocorre aquém de seu potencial, considerando o conjunto de seus recursos.

Israel apresenta um crescimento sustentável, superando índices de outras nações estabelecidas há bem mais tempo. E esse crescimento ocorre apesar dos problemas internos de escassez de recursos e ameaças externas que, em maior ou menor intensidade, parecem não ter trégua, dia após dia.

Se não em termos de extensão territorial e recursos naturais, as duas nações possuem algo em comum: excelente contingente humano, que apresenta uma avidez por aprender e compartilhar, além de extensa criatividade e resiliência frente aos diversos desafios que ambos os países enfrentam.

Apesar dessas afinidades, os dois países apresentam diferenças nos seus aspectos econômicos em função das dimensões geográficas e demográficas e das inovações tecnológicas que cada um produz. Enquanto o Brasil é tradicionalmente exportador de matérias-primas, Israel exporta principalmente bens intermediários, dentre os quais as novas tecnologias predominam.

Em 2016, Israel exportou US$ 96,2 bilhões e importou US$ 89,5 bilhões, resultando em um saldo comercial positivo de US$ 6,6 bilhões. Em 2015, Israel exportou 3.034 produtos diferentes. O maior setor de exportação de Israel foi o de bens intermediários, com 42,27% do total das exportações. O investimento estrangeiro direto foi de US$ 12 bilhões, ou 3,77% do PIB, a partir de 2016. Os dados estão na Figura 18 do caderno de imagens.

Em 2016, o crescimento anual do PIB de Israel foi de 4,09%. Em 2017, sua taxa de investimento total foi de 20,75% do PIB, e a partir desse mesmo ano a inflação foi de 0,24. Atualmente, Israel ocupa o 49º lugar do mundo no Ease of Doing Business Rank. Para o período de 1970 a 2017, Israel registrou uma taxa de crescimento média anual de 27,09%, bastante considerável.

Já o Brasil, em 2017, exportou US$ 258,3 bilhões e importou US$ 237,5 bilhões, resultando em um saldo comercial positivo de US$ 20,9 bilhões. Em 2015, o Brasil exportou 4.034 produtos diferentes, sendo que o maior setor exportador do Brasil foi o de matérias-primas, com 41,97% do total exportado. O investimento estrangeiro direto foi de US$ 70,7 bilhões, ou 3,44% do PIB, a partir de 2017. Os dados estão na Figura 20 do caderno de imagens.

Enquanto isso, o crescimento do PIB do Brasil foi de 0,98% ao ano em 2017. Sua taxa de investimento total foi de 15,48% do PIB em 2017, e a inflação foi de 3,45% a partir desse mesmo ano 2017. O atual Ease of Doing Business Rank do Brasil é o 125º do mundo.

Em termos de crescimento, entre os países abordados pelo Banco Mundial, Israel apresenta a maior taxa de crescimento médio anual, de 27,09%, enquanto o Brasil registra a menor taxa de crescimento médio anual, de 16,61%.

Frequentemente, quando tecemos comparações entre o Brasil e alguns países mais desenvolvidos da Europa, o que ouvimos sempre é que "esses países são mais antigos e, portanto, tiveram bastante tempo para planejar seu crescimento de forma estruturada; o Brasil é uma nação jovem e tem ainda um longo caminho pela frente até chegar a esse patamar". Porém, ao observarmos os números acima, percebemos claramente que é possível ser uma nação jovem e ter um desenvolvimento estruturado e sustentável.

Todavia, apesar de todo o investimento em P&D e das inovações produzidas por Israel, o número de depósitos de patentes não segue no mesmo ritmo.

O Brasil é um terreno fértil para o trabalho cooperativo em termos de P&D. Assim, os dois países, considerando os laços de afinidade, poderiam reverter seu *status quo* em benefício de ambos, por meio de pesquisa cooperativa.

TECNOLOGIAS ISRAELENSES QUE PODEM CONTRIBUIR PARA O BRASIL

O Brasil se encontra em uma situação bastante crítica em termos de orçamento público, tendo atualmente uma baixa capacidade de investimento em áreas básicas, como saúde, saneamento, infraestrutura e educação. A pesquisa científica tem sido relegada, quando muito, para o segundo plano durante décadas. Nosso capital humano está sendo drenado para outros países. Os cientistas que aqui se encontram não dispõem de recursos para realizar o trabalho na extensão, profundidade e qualidade de que o país necessita. Faltam laboratórios, materiais, equipamentos, insumos e mão de obra. O país precisa, com urgência, de uma estratégia para encontrar o caminho do desenvolvimento tecnológico.

Nesse contexto, a estratégia mais viável para obtenção de um resultado a um prazo mais curto é a transferência de tecnologias de países desenvolvidos tecnologicamente. Precisamos olhar além das fronteiras e ver com quem podemos aprender, de forma mais cooperativa, numa parceria "ganha-ganha".

Como vimos, ao longo dos capítulos apresentados até aqui, Israel é líder em tecnologias de ponta em diversos setores, e em muitos deles o Brasil precisa melhorar com urgência. Em sua primeira visita a Israel, no final de março de 2019, o presidente do Brasil afirmou que deseja "[...] aproximar nossos povos, nossos militares, nossos estudantes, nossos cientistas, nossos empresários e nossos turistas. [...] Juntas, nossas nações podem alcançar grandes feitos. Temos que explorar esse potencial [...]"

Após a visita do presidente do Brasil a Israel, algumas iniciativas já foram tomadas no sentido de mobilizar a cooperação entre os dois países. A Empresa Brasileira de

Pesquisa e Inovação Industrial (EMBRAPII) firmou um acordo de cooperação com a Autoridade de Inovação de Israel (IIA). A assinatura da parceria entre os dois países foi realizada em Jerusalém, na primeira semana de abril, durante o Brazil Israel Innovation Summit, e visa a atender às demandas de P&D&I (Pesquisa, Desenvolvimento e Inovação) das empresas brasileiras e israelenses. Na ocasião, a EMBRAPII levou 12 empresas brasileiras até Israel para um intercâmbio de experiências na área de inovação com a indústria israelense. As duas instituições destinaram US$ 5 milhões cada para projetos de inovação realizados em conjunto por empresas de ambos os países nas áreas de IoT (Internet das Coisas), agricultura, energia e ciências biológicas. Esses projetos devem resultar no desenvolvimento de novos produtos, novos processos produtivos ou serviços de aplicação industrial, com potencial de mercado para agregar valor às economias de ambos os países*.

Em termos de novas tecnologias já existentes, a irrigação para o setor agrícola, a dessalinização de água em áreas de seca e a segurança cibernética para uso no combate ao crime organizado estão entre as principais tecnologias buscadas pelo governo brasileiro em Israel.

Apesar de não mencionadas pelo governo brasileiro, há uma demanda latente por tecnologias para gestão de barragens e de desastres ambientais.

A seguir, mencionamos algumas das tecnologias de que Israel dispõe e que, se transferidas, beneficiariam o Brasil.

---

* https://embrapii.org.br/noticias/edital-de-parceria-com-israel-tem-prazo-prorrogado/

Tecnologias inovadoras para o agronegócio

A *Afimilk** é líder mundial no desenvolvimento e fabricação de sistemas informatizados avançados para fazendas produtoras de leite e para o gerenciamento do rebanho, tendo introduzido em 1977 o primeiro medidor eletrônico de leite.

A *Growponics*** projeta e fabrica sistemas hidropônicos automatizados, informatizados e controlados, que garantem o crescimento contínuo. A empresa oferece um sistema de estufa único e sustentável projetado para produzir grandes quantidades de hidroponia, resíduos de pesticidas e herbicidas, vegetais de folhas verdes, ervas e videiras, enquanto otimiza o uso de recursos, como água, terra e energia.

A *Prospera Technologies**** desenvolve tecnologias de monitoramento visual baseadas em computador que analisam continuamente a saúde, o desenvolvimento e o estresse das plantas.

A *Catalyst AgTech***** é uma empresa israelense que está desenvolvendo uma tecnologia revolucionária que minimiza o impacto ambiental de agroquímicos, uma questão importante na agrotecnologia moderna.

A *Netafim****** é pioneira mundial no campo da irrigação inteligente e por gotejamento. A empresa, sediada em um *kibutz*, oferece serviços em mais de 110 países e possui 17 fábricas.

A *Rivulis Irrigation******* fabrica e distribui produtos de irrigação, incluindo mangueiras de gotejamento, filtros, mangueiras, tubos, *sprinklers*, pulverizadores e válvulas.

---

* http://www.afimilk.com/
** http://www.growponics.co.uk/
*** https://home.prospera.ag/
**** http://www.catalystagtech.com/
***** https://www.netafim.com/
****** http://rivulis.com/

Tecnologias para a gestão da água

Segundo informações do Ministério do Meio Ambiente*, "o semiárido brasileiro possui uma área de 969.589,40 km² (11% do território brasileiro), abrangendo nove estados (AL, BA, CE, MG, PB, PE, PI, SE e RN), com 1.133 municípios e 21 milhões de habitantes (12,3% da população do país), destes, 9 milhões vivem na zona rural. A escassez de água na região pode ser explicada pela variabilidade temporal e espacial das precipitações, elevadas taxas de evaporação e evapotranspiração e pelas características geológicas, onde há predominância de rochas cristalinas. Tais características explicam também a ocorrência de águas salobras e salinas na região, que impossibilitam a disponibilização destas águas para o consumo humano sem que haja o tratamento adequado."

Como se pode concluir a partir deste curto relato, o semiárido representa uma parcela considerável do território brasileiro e tem sido objeto de disputas políticas e alvo de campanhas eleitorais. Um dos principais fatores de fragilidade da região é justamente a falta de água.

O Brasil possui a tecnologia para o tratamento das águas do semiárido (Azevedo, 2017), e algumas tentativas de aplicá-las já foram realizadas: "Até o momento, foram diagnosticadas 3.145 comunidades em 298 municípios. Da meta de 1.357 sistemas de dessalinização, 700 obras já estão contratadas, 482 obras já estão concluídas e 48 estão em fase de implantação — em 170 municípios do semiárido brasileiro."** Porém, os resultados desse trabalho estão ainda muito aquém do necessário.

---

* http://www.mma.gov.br/agua/agua-doce
** http://www.mma.gov.br/agua/agua-doce

Juntamente com o Programa Água Doce, os governos anteriores realizaram também um programa que previa a instalação de cisternas (Azevedo, 2017). Os resultados desse programa, longe de serem satisfatórios para os habitantes do sertão, conforme relatos de Azevedo (2017), ocasionaram o endividamento dos habitantes, não resolvendo o problema da água no semiárido.

Visando à retomada dos programas que almejam levar água ao Semiárido, e a partir do novo governo brasileiro que assumiu em 2019, o Ministério da Ciência, Tecnologia, Inovações e Comunicações (MCTIC) divulgou a Portaria nº 888/2019, que regulamenta o funcionamento do Programa de Apresentação de Unidades de Dessalinização e Purificação de Águas Salobras e Salinas para Teste e Análise de Desempenho*. O Programa foi anunciado em 8 de março de 2019 e visa a testar e apresentar tecnologias para a remoção do sal de águas salobras e não aptas para o consumo humano ou utilização na agricultura.

Israel é um dos pioneiros na utilização da técnica de dessalinização. A água do mar, de aquíferos e até de esgoto é submetida ao processo de dessalinização, o que a torna potável e, portanto, própria para o consumo. Em Israel, a IDE** é líder no setor de dessalinização de água com algumas das usinas de dessalinização mais avançadas do mundo (térmica e membrana). A empresa fornece soluções econômicas de dessalinização, grandes ou pequenas, incluindo IDE PROGREENTM, uma instalação de osmose reversa modular livre de produtos químicos, em uma caixa. A IDE tem muitas aplicações de larga escala em todo o mundo. A dessalinização em Israel ocorre em larga escala, e de forma extremamente bem-sucedida.

---

* http://www.mctic.gov.br/mctic/opencms/salaImprensa/noticias/arquivos/2019/03/ Portaria_que_regulamenta_o_programa_de_dessanilizacao_e_divulgada_pelo_ MCTIC.html
** http://www.ide-tech.com/

Além da dessalinização, existe também a solução não química para o tratamento de água que melhora o desempenho dos sistemas de aquecimento e resfriamento, reduzindo os custos e os incômodos ambientais. A UET* — Universal Environmental Technology é a detentora dessa tecnologia.

Assim, considerando o pioneirismo e o sucesso da aplicação das tecnologias da água em Israel, é possível afirmar que o Brasil pode ampliar de forma considerável o conhecimento nessa área. Segundo o professor Kepler, coordenador do Laboratório de Referência em Dessalinização (LABDES), esse intercâmbio é bastante proveitoso, pois "queremos entender como eles fazem, onde acertam, como são os processos, como é a gestão. Também temos tecnologia e equipamentos, temos muito a aprender e ensinar, e essa troca de conhecimento é sempre muito bem-vinda"**.

Mas vale ressaltar que, independentemente da tecnologia que se pretenda empregar, é necessário atentar para o correto e adequado planejamento da transferência da tecnologia, já que o processo é complexo e requer a atenção a vários aspectos que permeiam todo o conjunto de agentes, intermediários, mecanismos e canais requeridos e envolvidos na transferência. Também é necessária a criação de políticas públicas adequadas de forma que qualquer transferência de tecnologia, relacionada ao programa de dessalinização ou outro projeto, seja realmente efetiva, deixando de ser apenas uma promessa para o sertanejo e se convertendo em uma real mudança de cenário no semiárido brasileiro. Os trabalhos de Sábato e Botano (Belini, 2013) e de Etzkowitz e Leydesdorff (2000) postulam que a inserção da ciência e tecnologia no desenvolvimento das sociedades

---

* http://www.uet.co.il/
** https://portalcorreio.com.br/bolsonaro-anuncia-inauguracao-de-centro-de--dessalinizacao-em-cg/

218 | O VALE DE ISRAEL

contemporâneas é encarada como um processo político, cabendo ao governo o papel de formular e implementar políticas públicas e mobilizar recursos, valendo-se dos processos legislativos e administrativos. Assim, cabe ao governo um terço da responsabilidade relacionada aos projetos de transferência de tecnologia e inovação.

Tecnologias na área de Ciências Biológicas

Na área de ciências biológicas, Israel é líder em tecnologias para o tratamento de doenças neurocerebrais, cardíacas e dermatológicas e também para o tratamento contra o câncer, a produção de fármacos e a realização de exames diagnósticos. Dentre as muitas empresas existentes na área de ciências biológicas, listamos apenas algumas a seguir. Outras podem ser encontradas ao final deste livro.

A *Nano Textile**. O objetivo do Nano Textile é salvar vidas combatendo infecções durante hospitalizações, que causam milhões de mortes.

A *Neurolief*** desenvolveu uma tecnologia de neuromodulação cerebral não invasiva que aborda os efeitos debilitantes da enxaqueca e da depressão. A terapia funciona a partir de instalações transportáveis que fornecem um tratamento seguro, eficaz e independente, sem interromper as atividades diárias do paciente.

A *Perfaction*™ é uma empresa israelense sediada em Rehovot que comercializa aplicações não cirúrgicas da remodelação da pele, fornecendo simultaneamente energia cinética e um composto ativo para remodelação dérmica com um ótimo resultado clínico.

---

* http://www.nano-textile.com/
** https://www.neurolief.com/

Como já foi dito, as empresas relacionadas acima são apenas algumas dentre mais de uma centena. O final deste livro contém uma relação com as empresas dessa área e de outras, para consulta.

PARCERIA EM ENSINO E PESQUISA

O Brasil aumentou consideravelmente o número de parcerias com outras instituições no exterior. Esse aumento se deve principalmente a dois fatores: à maior mobilidade acadêmica internacional, fenômeno crescente e mundial observado em muitos países e ao programa Ciência sem Fronteiras (CsF), promovido no Brasil em governos anteriores.

Todavia, embora muitos convênios tenham sido firmados entre universidades brasileiras e estrangeiras principalmente em decorrência do CsF, observa-se que ainda é necessário construir alianças mais efetivas e mais direcionadas para as reais necessidades das áreas prioritárias do país. O que ocorre é que muitas universidades estrangeiras, em sua maioria, quando fecham parcerias com as instituições no Brasil, já possuem suas agendas de pesquisa de acordo com seus próprios interesses. Em sua maior parte, os pesquisadores brasileiros realizam o fluxo *outbound*, que é a viagem para outros países, e ali trabalham como pesquisadores nos laboratórios das universidades anfitriãs. Em geral, esse trabalho ocorre em troca de bolsas ou de salários, que são excelentes na maioria dos casos. No entanto, o fruto do trabalho de pesquisa nem sempre é compartilhado com a instituição de origem no Brasil, exceto se houver um bom acordo previamente firmado e muito bem entabulado entre as duas instituições, cedente e cessionária, e entre os dois governos. Dessa forma, na maioria das vezes ficamos à mercê das necessidades de pesquisa dos outros países em detrimento de nossas próprias demandas.

Além do não compartilhamento dos resultados de pesquisa, ao terminar o trabalho de pesquisa, corre-se o risco de nossos pesquisadores serem absorvidos pelas universidades estrangeiras, fato não raro, e não retornarem ao país para compartilhar o conhecimento absorvido lá fora.

Portanto, é preciso ampliar o número de parcerias que atendam aos interesses comuns dos parceiros em termos de ensino, pesquisa, cooperação e transferência de tecnologia, em um processo "ganha-ganha", ou seja, aquele em que os dois países se beneficiam da aliança estabelecida.

Como resultado, e sem os investimentos necessários, a pesquisa no Brasil não é relevante a ponto de sermos exportadores de conhecimento e inovação. O país precisa evoluir de uma nação exportadora de matérias-primas e *commodities* para uma nação que também exporte produtos de alto valor agregado. Para isso, ela precisa de estratégias de P&D de curto prazo.

Israel, por sua vez, é um polo tecnológico que anseia pela evolução de "nação startup" para uma nação reconhecidamente de P&D. Ambos os países querem se tornar uma "nação P&D". Assim, ambos poderiam construir esse futuro de forma cooperativa, buscando interesses comuns, de forma a atender os interesses mútuos. A história dos laços de relacionamento entre as duas nações, inclusive pelo grande número de imigrantes judeus que vieram ao Brasil, abre portas para que essa relação fique ainda mais estreita e profícua.

A Universidade Tecnológica Federal do Paraná (UTFPR), uma jovem universidade brasileira e a única tecnológica do país, com pouco mais de dez anos de existência enquanto universidade, é a 49ª melhor instituição de ensino superior da América Latina. A classificação é do ranking da revista britânica *Times Higher Education* (THE). Ela também é a 24ª melhor universidade brasileira*. O número de publicações e pedidos de depósitos de patentes tem crescido consideravelmente, e a UTFPR foi considerada uma das cinquenta organizações com maior produtividade científica no Brasil nos últimos cinco anos. A constatação foi feita por meio do levantamento da Clarivate Analytics, com base no banco de dados Web of Science, para analisar a produção científica no país entre 2014 e 2018**.

Com vários grupos de pesquisas em diversas áreas, dentre elas agricultura, biotecnologia e sustentabilidade, verifica-se que a UTFPR tem desenvolvido uma vocação que poderia vir a ser a vocação do Instituto Technion, o que torna as duas instituições potenciais parceiras em ensino e pesquisa.

Portanto, além de fomentar a P&D de novos produtos a partir da indústria, a exemplo dos editais da EMBRAPII, o governo deve fortalecer as bases da pesquisa acadêmica, promovendo o intercâmbio entre professores do Brasil e Israel por meio da implementação de bolsas de estudos em nível de doutorado e pós-doutorado. Podem-se ainda criar programas de intercâmbio de curta duração entre os professores das universidades brasileiras e israelenses, com duração de vinte dias a dois meses, durante os quais seria possível visitar laboratórios e ofertar e participar de cursos intensivos, conferências e seminários.

Todas essas iniciativas precisam ser acompanhadas de resultados em termos de multiplicação de conhecimento, bem como da ampliação da capacidade de pesquisa em termos de laboratórios, no caso do Brasil.

---

* http://portal.utfpr.edu.br/noticias/reitoria/utfpr-fica-entre-as-50-melhores-
-universidades-da-america-latina
** http://portal.utfpr.edu.br/noticias/reitoria/utfpr-esta-entre-as-50-instituicoes-
-mais-geradoras-de-conhecimento-no-brasil

Conclusão

No momento em que cidades como Nova York, Berlim, Londres e até mesmo Paris despontam como possíveis rivais do Vale do Silício, o Vale de Israel enfrenta uma série de desafios cruciais: até o momento, seu ecossistema não permitiu o surgimento de grandes campeões nacionais e se define muito mais como um modelo bem-sucedido de produção e vendas de startups do que como um país capaz de se impor estruturalmente a outros.

Devemos lembrar que 95% dos fundos investidos em fundos de capital de risco não vêm de Israel, mas de seguradoras ou fundos de pensão estrangeiros. Além disso, o Silicon Wadi corre os mesmos riscos que sua versão californiana conheceu no passado: ameaça de uma futura bolha da internet, escassez de força de trabalho especializada, explosão do custo dos imóveis, poluição acelerada, aumento da lacuna social entre ricos e pobres...

No entanto, uma simples transposição de estruturas não bastaria para duplicar o sucesso do Vale de Israel, já que, como visto, os fatores que permeiam esse modelo o tornam bastante complexo.

O ecossistema de inovação israelense e sua dinâmica se baseiam em um conjunto de tensões criativas: elas refletem a extrema vulnerabilidade de um Estado pequeno e isolado, quase desprovido de recursos naturais, que só consegue sobreviver por meio de uma capacidade militar indiscutível. Essa situação justificou uma intervenção inicial muito forte do Estado, que, por meio de ações diretas (investimentos) e indiretas (vantagens fiscais), criou as bases de um notável sistema empresarial, em que se consolidam mutuamente os diferentes parâmetros que o constituem (grandes empresas, investidores, o exército, universidades etc.) e que ainda perdura nas ações do setor privado inovador.

Esse sistema também está imerso em um forte senso de comunidade que transcende as fronteiras do país e garante uma alta diversidade de recrutamento e grande solidariedade.

Israel tem se beneficiado desse significativo potencial de crescimento induzido por inovações disruptivas nos campos de genética, biotecnologia, biomedicina, robótica, nanotecnologia e *blockchain*, e tudo isso permite a Israel desafiar as leis clássicas da economia, segundo as quais os retornos dos investimentos diminuem.

Israel apresenta algumas vantagens sobre outras economias avançadas no setor mais crucial da projeção do crescimento: seu tamanho, sua orientação *chutzpah* e a educação da faixa etária de 20-34 anos, que são aqueles que inovam, assumem riscos, trabalham arduamente, consomem, produzem e se defendem militarmente. Essa faixa etária, responsável por 40% do crescimento econômico, está encolhendo na Europa e em outros países avançados, mas continua crescendo em Israel. A taxa de fertilidade desses outros países avançados é inferior a 2,1 filhos, o que é essencial para manter o nível da população, enquanto a taxa de fertilidade judaica em Israel é superior a 3, chegando às vezes a 3,5 filhos por mulher.

Da mesma forma, as exportações israelenses têm sido capazes de evitar a desaceleração do comércio mundial, desenvolvendo nichos que são únicos e essenciais para a maioria dos países nos setores de segurança, medicina, saúde, limpeza e saúde, tecnologia, segurança cibernética, agricultura, irrigação etc.

CONCLUSÃO | 225

O sucesso das startups israelenses, portanto, vai muito além do impacto econômico, que não se reflete apenas na quantidade de transações realizadas, já que ele também afeta o turismo com a chegada de mais e mais homens de negócios internacionais em Israel (restaurantes, hotelaria, imobiliárias), mas também em muitos provedores de serviços que fornecem suporte para empresas de alta tecnologia israelenses.

Portanto, mesmo que apenas 3% da população israelense trabalhe com alta tecnologia, isso tem um impacto econômico significativo sobre o PIB. A alta tecnologia é o motor do crescimento econômico de Israel, pois representa mais da metade das exportações.

Esses criadores de startups, que vendem suas empresas em uma idade muito jovem, reutilizam os recursos obtidos na criação de novas empresas. Essa dinâmica, bastante singular no mundo do crescimento da economia, está diretamente ligada ao sucesso da alta tecnologia.

Além disso, por causa da internet, essas empresas podem ter a ambição de se tornarem *players* globais, como a Mobileye e a Waze. No caso de empresas não tão voltadas para a alta tecnologia, elas podem se espelhar em líderes mundiais do setor de água, como a Netafim ou a IDE.

Assim, o número de atores israelenses no cenário internacional — como a Teva — tem atingido um tamanho crítico e se torna cada vez mais importante, o que nos permite ver a economia de Israel crescer com uma perspectiva ambiciosa de futuro.

Para aqueles que despendem um tempo para analisar as origens e as raízes das tecnologias produzidas por Israel, não é difícil compreender que um mundo sem Israel certamente não teria tantas inovações tecnológicas de ponta. Sem esse país, não teríamos todas as inovações, a tecnologia, a criatividade, os avanços médicos e outros fatores mencionados ao longo deste livro e que já foram entregues ao mundo, além de muitas outras inovações que ainda estão por vir. Um grande respaldo de toda a capacidade da população judaica na produção de inovação e tecnologia, em todo esse contexto, e que é irrefutável, é o número de prêmios Nobel entregues até hoje pela academia sueca. Das mais de 735 premiações dadas até hoje, mais de 135 foram produzidas por judeus ao redor do mundo. E é assim que o modelo do Vale de Israel poderá enfrentar o futuro com força e confiança em sua estrela.

Quanto ao Brasil, nesta nova fase em que o país se encontra, em pleno anseio de um novo futuro, mais moderno, com mais pesquisas e inovações, o melhor caminho é a transferência de tecnologias para as mais diversas áreas em que o país carece de estrutura para pesquisas próprias. Nesse sentido, estabelecer alianças estratégicas para a cooperação entre universidades, como a UTFPR e o Instituto Technion, por exemplo, é uma alternativa para recuperarmos o terreno que é perdido ano após ano em termos de P&D. Enquanto isso, a importação de novas tecnologias já prontas pode ser uma alternativa para colocar o país no rumo do desenvolvimento.

Por fim, esperamos que as iniciativas de cooperação se fortaleçam cada vez mais entre os dois países para o benefício conjunto, e que este livro sirva de inspiração para investimentos também de ordem privada. Afinal, nem todas as iniciativas de empreendimentos devem partir de órgãos governamentais, ficando as empresas privadas livres para avaliar as melhores e mais convenientes oportunidades para cada uma delas.

Os dez mandamentos
da inovação israelense

Se existissem os dez mandamentos da inovação israelense, eles seriam:

Primeiro: *Você terá um espírito empreendedor*

Os conflitos de Israel e sua situação geopolítica e estratégica, assim como sua história, permeiam as empresas com um espírito de abertura e uma vontade criativa que é mais forte do que as ameaças. Uma ambição: mudar o mundo e melhorá-lo. Como o país é pequeno demais para viver isolado, o empresário israelense pensa nos mercados internacionais desde a concepção do seu produto.

Segundo: *Você assumirá suas responsabilidades*

O espírito israelense de *rosh gadol* (pensar grande) é uma poderosa alavanca do sucesso econômico. Seja qual for o problema, o mais importante é a solução. Os militares (o serviço militar é obrigatório, inclusive para as mulheres) estimulam a inovação e o empreendedorismo, pois os cidadãos ganham experiência no campo de batalha. Eles aprendem a liderar e a administrar os outros, a servir de exemplo, a improvisar e a concentrar as suas energias na missão que lhes é confiada e no trabalho em equipe, demonstrando um espírito de solidariedade e apoio mútuo que é particularmente desenvolvido.

Terceiro: Você vai tecer sua rede

A tecelagem de uma rede de alianças tecnológicas internacionais, em particular com os Estados Unidos e a Europa, permite a circulação de ideias e a emulação mútua. Nessa extensão da aldeia global, as jovens empresas se confrontam positivamente e se unem às melhores multinacionais.

Sinergia. A noção de sinergia está no coração do escudo. Ela é essencial para a formação de *clusters* tecnológicos, em que o agrupamento de várias empresas pequenas em torno de um ou poucos líderes, acompanhados de universidades, incubadoras e fundos de investimento, beneficia a todos.

Quarto: Você se aproximará do seu próximo

Serendipidade. A noção de serendipidade tradicionalmente se refere ao acaso: fazer uma descoberta por acidente, encontrar algo enquanto se procura por outra coisa. Esse fenômeno é central para o comportamento da sociedade israelense. O tamanho pequeno do país, a proximidade das pessoas e a cultura em rede incentivam encontros fortuitos e conexões imprevistas, criando uma dinâmica de trocas e uma fluidez de relações. Reserva-se um espaço para a surpresa, para o acaso, que muitas vezes carrega oportunidades espontâneas e descobertas inesperadas.

A gestão de negócios é caracterizada por relacionamentos informais e horizontais, confiança, comunicação e proximidade. As ideias circulam sem tabus, livres de protocolos pesados, beneficiando a todos. Nesse estado de espírito, no exército, o oficial pode ser substituído por um simples soldado durante um combate.

Quinto: *Você inovará*

A rapidez das ações comerciais ofensivas nos mercados internacionais, a adaptação às mudanças tecnológicas e a velocidade de resposta à concorrência e às oportunidades de todos os tipos são fatores essenciais para Israel. É dada atenção especial à inovação disruptiva, decorrente de uma cultura em que o fracasso inexiste: qualquer ideia, por mais fantasiosa que possa parecer de início, ou qualquer conjunto de conceitos que pareçam incompatíveis se beneficia de um espírito de experimentação reativo.

Ruptura. Romper com os padrões existentes. Quebrar as barras da gaiola de aço descrita por Max Weber, produzir uma crescente racionalização e acumulação de regras. Esse comportamento típico da sociedade israelense, ainda jovem e inventiva, está na origem de muitas inovações revolucionárias mencionadas ao longo do livro (a exemplo da chave USB). De acordo com Clayton Christensen, uma inovação revolucionária se baseia em três alavancas: (1) uma evolução tecnológica radical, (2) um novo modelo de negócios ou *business model*, e (3) uma nova rede de valor. A combinação desses três elementos leva a uma ruptura parcial ou total com estruturas preexistentes. Isso requer esforços de pesquisa significativos. Israel, um "país tecnopolo", desenvolve sem cessar incubadoras tecnológicas que criam empregos de alto valor agregado, favorecem o investimento em P&D e apoiam o potencial humano científico. Não existe abismo entre o mundo dos negócios e o mundo universitário.

Sexto: *Você se levantará novamente*

Resiliência. Resiliência é transformar "menos" em "mais". Na psicologia, o fenômeno da resiliência está associado à capacidade de um indivíduo afetado pelo trauma de superar a inevitabilidade do evento traumático para permitir sua reconstrução. Como vimos anteriormente, a resiliência é uma característica do inconsciente coletivo israelense. Está na origem da construção do Estado, da força empreendedora e criativa de sua população, que, em resposta ao isolamento e à falta de recursos naturais, transformou constrangimentos em oportunidades. De acordo com Yossi Vardi, "a força do empresário israelense é a capacidade de se levantar após cada nocaute e se preparar para a próxima luta".

Sétimo: *Você acolherá o imigrante*

Cotidiano dinâmico e criativo. Proporcionar aos imigrantes e recém-chegados as melhores condições de integração possíveis, bem como empregos adaptados às suas competências adquiridas e que melhorem suas competências futuras, possibilita aproveitar ao máximo um patrimônio humano que é culturalmente rico e que já está formado. A Gvahim, uma associação presidida por Yair Shamir, facilita a integração de imigrantes de alto nível.

Oitavo: *Você transferirá tecnologias*

Há uma permanente difusão, melhoria e apropriação de tecnologias estrangeiras ou desenvolvidas por exigência de defesa. Elas se concentram nas indústrias vitais para a segurança e o crescimento do país — informática, energia nuclear, aeronáutica, robótica, biotecnologia, instrumentação médica —, e suas aplicações comerciais dependem dos setores de ponta.

Transversalidade. Como na matemática, a noção de transversalidade aqui denota as múltiplas intersecções que existem entre subconjuntos de início distintos: o militar e o civil, o público e o privado, o interno e o externo. Trata-se, então, de uma questão de descompartimentar esses espaços para favorecer transferências de conhecimento, habilidades e tecnologias. Podemos mencionar aqui o exemplo da estrutura estabelecida pela empresa Rafael (RDC) com o propósito de transferir as tecnologias dos militares para o setor civil ou os TTO (Technology Transfer Offices), como Yeda e Yissum, que foram mencionados anteriormente e que facilitam transferências da academia para a indústria. Da mesma forma, a vivacidade das exportações e as aquisições de empresas israelenses por grandes grupos internacionais atestam a transferibilidade das inovações "Made in Israel" e a dimensão transversal do modelo econômico israelense.

Nono: Você privatizará sua economia

A privatização de empresas públicas simbólicas e o incentivo à livre iniciativa, limitando a inflação e a dívida pública, criam um equilíbrio sutil entre a economia liberal e o intervencionismo estatal. Mesmo quando o governo investe em alta tecnologia, ele raramente se envolve no processo de tomada de decisão relacionado à seleção das empresas.

Décimo: Você converterá as espadas em arados, e as lanças, em foices

A experiência israelense é marcada por um estado de guerra quase permanente e suas consequências dramáticas. No entanto, muitas tecnologias desenvolvidas com fins militares são exploradas posteriormente no setor civil.

Empresas israelenses no coração da inovação

(agosto de 2019)

Agricultura e água

A *IDE* é líder no setor de dessalinização de água com algumas das plantas mais avançadas do mundo (térmica e membrana). A empresa fornece soluções de dessalinização econômicas, grandes ou pequenas, incluindo IDE PROGREENTM, uma instalação de osmose reversa modular livre de produtos químicos em uma caixa. A IDE tem muitas realizações de larga escala em todo o mundo (China, Índia, Estados Unidos, Austrália e Israel).

A *UET* — Universal Environmental Technology — desenvolveu uma gama revolucionária de soluções não químicas de tratamento de água que melhoram o desempenho dos sistemas de aquecimento e resfriamento, reduzindo os custos e os incômodos ambientais. A empresa está localizada perto de Beer Sheva — o "centro verde" de Israel, perto do deserto do Sinai, onde cada gota de água é preciosa.

A *Emefcy Ltd.* desenvolve, fabrica e comercializa novas soluções de tratamento de efluentes com eficiência energética para instalações municipais e industriais. A empresa foi fundada em

234 | O VALE DE ISRAEL

2008 para melhorar a eficiência energética do tratamento de águas residuais. Emefcy prepara a primeira linha de produção para a China.

A *Afimilk* é líder mundial no desenvolvimento, fabricação de leiteiras modernas e para o gerenciamento de rebanho. Desde 1977, a Afimilk tem sido pioneira em seu campo com a introdução do primeiro medidor eletrônico de leite. As instalações da Afimilk são usadas em milhares de fazendas em cinquenta países nos cinco continentes, permitindo que ela estabeleça padrões para a pecuária leiteira e a gestão em todo o mundo.

A *Growponics* projeta e fabrica sistemas hidropônicos automatizados, informatizados e controlados, como parte de um modelo de negócios exclusivo e de direitos patenteados de licenciamento de tecnologia que garantem o crescimento contínuo. A empresa oferece um sistema de estufa único e sustentável projetado para produzir grandes quantidades de hidroponia, resíduos de pesticidas e herbicidas, vegetais de folhas verdes, ervas e videiras, enquanto otimiza uso de recursos como água, terra, energia e energia.

A *Dantizer* é uma empresa de biotecnologia israelense dedicada à pesquisa e produção de novas soluções avançadas de sementes para melhorar as culturas e atender às necessidades do mundo agrícola.

A *Prospera Technologies* desenvolve tecnologias de monitoramento visual baseadas em computador que analisam continuamente a saúde, o desenvolvimento e o estresse das plantas. Essas tecnologias fornecem dados climáticos e visuais no campo e fornecem informações úteis aos produtores via celular e internet.

EMPRESAS ISRAELENSES NO CORAÇÃO DA INOVAÇÃO | 235

A *Catalyst AgTech* é uma empresa israelense que está desenvolvendo uma tecnologia revolucionária que minimiza o impacto ambiental de agroquímicos, uma questão importante na moderna agro-tecnologia. A empresa é gerida por uma equipe de gestão experiente e recebe apoio científico do Instituto Weizmann.

Rivulis Irrigation. Com sede em Israel, fabrica e distribui produtos em todo o mundo, oferecendo uma gama completa de produtos de irrigação, incluindo mangueiras de gotejamento, filtros, mangueiras e tubos, *sprinklers,* pulverizadores e válvulas.

Fundada há cinquenta anos por Simcha Blass, a *Netafim* é pioneira mundial no campo da irrigação inteligente e por gotejamento. A empresa, sediada em um *kibutz,* oferece serviços em mais de 110 países e possui 17 fábricas em todo o mundo e emprega 4.300 pessoas.

A *BiFlow Systems* desenvolve e comercializa, desde 2010, soluções microfluídicas muito inovadoras que oferecem uma combinação única de propriedades. O uso de tecnologias proprietárias permite que a Biflow Systems combine a fabricação de baixo custo de dispositivos microfluídicos com microbombas e microválvulas integradas.

A *BotanoCap* é uma empresa israelense de base tecnológica que desenvolveu uma plataforma única para a liberação lenta de compostos voláteis, como os óleos essenciais. Com base em sua plataforma, a BotanoCap desenvolve linhas de produtos ecológicos e rentáveis para atender às necessidades específicas do mercado. Os produtos da empresa são voltados para o mercado global de biofericidas, bioinseticidas e bionematicidas para

236 | O VALE DE ISRAEL

tratamento de solo, proteção de cultivos de campo e tratamento pós-colheita.

Fundado em 2013, o *GreenIQ* revoluciona a jardinagem com o Smart Garden Hub e reduz o consumo de água ao ar livre em 50%. Descrição do produto: a plataforma controla o agendamento de irrigação com base no tempo atual e previsto e reduz o consumo de água em até 50%. A GreenIQ também desenvolveu um controlador inteligente de *sprinklers* com conectividade Wi-Fi e 3G que pode ser acessado de qualquer lugar, a qualquer momento, usando um aplicativo. A plataforma IoT da GreenIQ permite a conectividade a sensores de solo para controle de balanço de umidade e a um medidor de vazão que fornece vazamentos e alertas de quebra de tubulação.

Fundada em 2007, a *Kaiima Agro-Biotech* desenvolve rodízios de alto rendimento para as indústrias de biocombustíveis e biopolímeros. Descrição do produto: a plataforma CastorMaxx© é um sistema de produção de mamona líder na indústria que leva a produtividade de mamona a novos patamares. Os híbridos CastorMaxx© oferecem rendimento e benefícios revolucionários para os produtores. A plataforma é apoiada por especialistas em reprodução, marketing, desenvolvimento de projetos e agronomia. A plataforma EP™ é uma tecnologia proprietária, não OGM, que abre um novo paradigma na produtividade das culturas, induzindo uma nova diversidade de elite dentro do genoma, usando o próprio DNA da planta. A tecnologia cria genética de desempenho superior em programas de reprodução e trabalha com todas as principais culturas e espécies de plantas.

Fundada em 2011, a *SCIO* desenvolve um espectrômetro de infravermelho próximo portátil que oferece análise de nutrientes

EMPRESAS ISRAELENSES NO CORAÇÃO DA INOVAÇÃO | 237

em tempo real em frutas, legumes, laticínios, carnes e medicamentos. Descrição do produto: A solução SCiO combina dois poderosos componentes tecnológicos, o revolucionário sensor SCiO e o SCiO Cloud. Juntas, essas duas tecnologias disruptivas fornecem uma solução completa e integrada que oferece tudo o que sua empresa precisa para análise molecular instantânea.

Indústria aeroespacial

Fundada em 2014, a *Airobotics* projeta e desenvolve drones industriais para aplicações de inspeção, vigilância, segurança e resposta a emergências. Descrição do produto: a Airobotics fornece uma solução completa e totalmente automática para coletar dados aéreos e obter insights inestimáveis. A plataforma de nível industrial está disponível no local e sob demanda, permitindo que as instalações industriais acessem dados aéreos premium com mais rapidez, segurança e eficiência. A equipe da Airobotics combina *expertise* em projeto de hardware aeroespacial, sistemas eletrônicos robustos, engenharia de software líder e anos de experiência em operações comerciais de drones.

Fundada em 2005, a *Xsight Systems* é desenvolvedora e provedora de soluções avançadas de sensores de pistas para aeroportos em todo o mundo. Descrição do produto: a Xsight Systems desenvolveu uma solução avançada de gestão de pistas que melhora a operação diária das pistas, aumentando a segurança, a capacidade e a eficiência das pistas. A principal tecnologia, RunWize™, é uma solução exclusiva colocada com luzes de borda de pista e utiliza uma combinação de radar de ondas milimétricas e processamento de imagem para detectar FOD,

238 | O VALE DE ISRAEL

aves, animais selvagens e monitorar a condição e atividade da pista. O FODetect® é uma solução automatizada e abrangente de detecção de FOD e a base do RunWize, consistindo nos seguintes aprimoramentos adicionais: SnowWize™, BirdWize™ e FODspot™.

Banking/Serviços financeiros

Fundada em 2005, a *Payoneer* é uma empresa de serviços financeiros que fornece soluções de transferência de dinheiro on-line e pagamento internacional para pequenas e médias empresas. Descrição do produto: a solução completa da Payoneer oferece uma maneira simples, segura, compatível e econômica para empresas de todos os tamanhos oferecerem opções de pagamento superiores e econômicas, incluindo: cartões de débito pré-pagos, depósitos em bancos locais em todo o mundo, transferências bancárias internacionais e pagamentos móveis, eWallets globais e locais e cheques em papel em moeda local.

Fundada em 2012, a *TravelersBox* projeta e desenvolve máquinas de depósito que permitem aos viajantes converter a moeda estrangeira restante em moeda digital nos aeroportos. Descrição do produto: tecnologia de ponta e sistema operacional para controle remoto de quiosques e pontos de venda, com sistema de alerta avançado, plataformas de BI e análise e comando e controle.

Fundada em 2010, a *Zooz* desenvolve uma plataforma de pagamento on-line para comerciantes que conecta e mescla transações on-line e internas. Descrição do produto: uma plataforma abrangente, o Zooz oferece soluções adicionais para lidar com

EMPRESAS ISRAELENSES NO CORAÇÃO DA INOVAÇÃO | 239

todos os desafios relacionados a pagamentos. Isso inclui roteamento inteligente, insights e *omni-channel*.

A *Ripple* fornece soluções globais de liquidação financeira para permitir que o mundo troque valores, como já é o caso da informação — dando origem a uma Internet of Value (IoV). As soluções da Ripple reduzem o custo total de liquidação, permitindo que os bancos negociem diretamente, instantaneamente e com certeza de negócio. Bancos de todo o mundo fizeram uma parceria com a Ripple para melhorar suas ofertas de pagamentos transnacionais e se unir à crescente rede global de instituições financeiras e participantes do mercado que estão lançando as bases para a Internet do Valor.

Business intelligence

Advertising

Fundada em 2008, a *AnyClip Media* é uma plataforma de marketing de conteúdo que permite aos usuários encontrar, visualizar, compartilhar e distribuir conteúdo de vídeo e anúncios de marca. Descrição do produto: aproveitando o poder de sua tecnologia proprietária de segmentação de conteúdo in-stream, ele oferece ao público vídeo digital crescente em termos de contexto para o benefício de organizações de mídia de classe mundial, editores premium e principais anunciantes. A missão da AnyClip é aumentar o engajamento do espectador, utilizando sua experiência em metadados em mais de 200 mil sites em nossa rede digital para fornecer uma experiência de visualização personalizada.

Fundada em 2011, a *Apester* é uma plataforma de narrativa digital para editores que integra a voz do leitor ao conteúdo. Descrição do produto: a plataforma web da Apester preenche a lacuna entre as expectativas dos consumidores de mídia digital e a capacidade de editores e marcas de atender a essas demandas.

Fundada em 2011, a *AppsFlyer* fornece uma plataforma de análise de dados de marketing e atribuição móvel para desenvolvedores de aplicativos, marcas e agências de publicidade. Descrição do produto: a tecnologia NativeTrack da AppsFlyer fornece uma autoridade universal e independente que é integrada a mais de 600 redes de anúncios e fontes de mídia, e agora está medindo bilhões de ações em dispositivos móveis e analisando os impulsionadores dessas ações e conversões.

Fundada em 2009, a *Beamr* é uma provedora de serviços de otimização de imagem e vídeo, processamento de mídia e compressão para editores da Web, redes sociais e empresas de mídia. Descrição do produto: o Beamr Video é um otimizador de vídeo perceptivo que reduz significativamente a taxa de bits dos fluxos de vídeo, preservando sua resolução e qualidade completas. O Beamr Video produz fluxos H.264 (MPEG-4 AVC) totalmente padrão, que podem ser reproduzidos por qualquer reprodutor de mídia, navegador ou dispositivo de consumo sem a instalação de um software especial.

Fundada em 2009, a *BIScience* fornece soluções de *business intelligence* para o setor de mídia on-line. Descrição do produto: AdClarity, seu produto de bandeira, permite que os profissionais de mídia on-line descubram suas fontes de tráfego on-line mais bem-sucedidas, revelem as campanhas de mídia de seus concorrentes, descubram os conceitos e campanhas de melhor desempenho dos concorrentes e usem essas informações para revolucionar a maneira como compram e vendem mídia on-line.

Fundada em 2000, a *Celltick* fornece soluções de marketing de tela inicial móvel para empresas. Descrição do produto: sua vestimenta de produtos inclui tecnologia de ponta que permite: análise de comportamento do consumidor — com um poderoso *back-end*, podemos identificar outros aplicativos que são instalados no dispositivo do cliente e seu padrão de uso, garantindo que as preocupações com privacidade sejam abordadas; segmentação — agrupar os usuários com base em categorias diferentes e analise seus padrões de comportamento e uso para realizar a análise agregada e a segmentação baseada no comportamento de uso; monetização — Oferecer a monetização ideal dos clientes de uma maneira nativa sem invadir a privacidade dos usuários.

Fundada em 2007, a *Eyeview* é uma provedora de soluções de publicidade em vídeo on-line para os setores automotivo, de telecomunicações e de varejo. Descrição do produto: a plataforma VideoIQ da Eyeview permite que os profissionais de marketing alcancem o efeito de marca da televisão com a eficiência da personalização digital. A VideoIQ fornece soluções de publicidade em vídeo que impulsionam o desempenho mensurável, aproveitando a tecnologia de personalização de vídeo, dados individuais do consumidor, compra e otimização de mídia em tempo real, combinados com o conteúdo de televisão tradicional.

Fundada em 2007, a *Innovid* é uma plataforma de publicidade em vídeo interativa com vários dispositivos que fornece aos profissionais de marketing ferramentas para criar, fornecer e avaliar campanhas de vídeo. Descrição do produto: os formatos interativos premiados da Innovid (iRoll®) convidam cada usuário a se tornar parte de uma conversa de marca através de elementos imersivos integrados em pontos de vídeo já criados. Usando os ativos de marca existentes, a iRoll® transforma os vídeos em pré-rolagem atuais em anúncios personalizados que geram ROI e ganham mais tempo, mais atenção e mais envolvimento com o público.

Fundada em 2006, a *Kenshoo* fornece soluções de marketing digital e otimização de mídia preditiva. Descrição do produto: a Kenshoo é o único desenvolvedor de marketing preferencial estratégico do Facebook com soluções de API nativa para anúncios em Facebook, FBX, Twitter, Google, Bing, Yahoo, Yahoo Japão, Baidu e CityGrid. A Kenshoo lançou a ferramenta Creative Manager; a nova oferta inclui uma biblioteca de criativos baseada em nuvem e modelos para criação simplificada de anúncios, bem como opções de otimização.

Fundada em 2005, a *myThings* é uma empresa de *retargeting* personalizada que permite que usuários on-line criem anúncios de exibição on-line em tempo real. Descrição do produto: desde o início para sustentar um modelo de negócios CPA centrado em anunciantes, a tecnologia proprietária da empresa é centrada em algoritmos de inteligência artificial que são projetados para prever a receita que um anunciante deve obter com qualquer impressão de cada usuário, para qualquer tipo de formato e dispositivo (desktop, mobile, vídeo, social, e-mail).

Fundada em 2012, a *OurCrowd* é uma plataforma de *crowdfunding* baseada em capital que fornece financiamento de capital de risco para empresas em estágio inicial. Descrição do produto: A OurCrowd é uma plataforma líder de *crowdfunding* de capital para investir em startups globais, liderada pelo empreendedor em série Jon Medved e administrada por uma equipe de profissionais especializados em investimentos. Oferecendo acesso sem precedentes ao investimento em startups, investidores individuais através da OurCrowd estão alimentando inovações que mudam a forma como as pessoas trabalham, viajam, fazem compras, curam e conduzem negócios.

Fundada em 2006, a *Outbrain* oferece uma plataforma de descoberta de conteúdo que permite que editores e profissionais de marketing mantenham seus clientes. Descrição do produto: plataforma de descoberta de conteúdo que fornece recomendações personalizadas para o conteúdo na parte inferior das páginas dos artigos na maioria dos principais sites de editores on-line. As recomendações da empresa são uma mistura de recomendações orgânicas para outros artigos/vídeos/apresentações de slides no site do editor, bem como recomendações para conteúdo de terceiros promovido por profissionais de marketing, oferecendo uma oportunidade única para que as pessoas descubram artigos ou vídeos quando estiverem ativamente engajadas com conteúdo.

Fundada em 2006, a *SundaySky* fornece plataforma de engajamento de vídeo personalizada para empresas e varejistas para gerenciar seu conteúdo de vídeo. Descrição do produto: a plataforma de marketing de vídeo personalizada do SundaySky, SmartVideo Cloud, permite que as marcas ofereçam experiências de vídeo individuais escalonáveis que promovem relacionamentos de longo prazo com os clientes. O SmartVideo Cloud permite que profissionais de marketing criem, gerenciem e otimizem facilmente programas de vídeo personalizados em tempo real durante todo o ciclo de vida do cliente.

Fundada em 2007, a *Taboola* fornece uma plataforma de descoberta de conteúdo que ajuda editores, profissionais de marketing e agências a reter usuários em seus sites. Descrição do produto: a tecnologia patenteada de patente pendente da Taboola funciona em três etapas: — Contexto de Vídeo — Análise do contexto de vídeo independente de qualquer texto associado. — Dinâmica dos espectadores — Estudar anonimamente os padrões de visualização dos espectadores enquanto eles assistem a vídeos no seu site. — Correspondência personalizada — usando o conhecimento agregado da análise de seus vídeos e o padrão de visualização de seus espectadores para corresponder a todos os espectadores com recomendações de vídeo personalizadas.

Big data

Fundada em 2013, a *Cellwize* desenvolve e fornece soluções de Rede de Auto-organização em fornecedores e tecnologias sem fio. Descrição do produto: a Cellwize oferece o primeiro SON centrado no usuário. As soluções da SON, por mais robustas e eficazes que sejam, precisam se conectar aos impulsionadores de negócios e à experiência do usuário final. Esta é a percepção por trás da tecnologia elástica-SON® e nossa abordagem ValueDriven SON®.

EMPRESAS ISRAELENSES NO CORAÇÃO DA INOVAÇÃO | 245

Fundada em 2011, a *Comigo* é uma plataforma de televisão em nuvem que oferece aplicativos sensíveis ao conteúdo e anúncios para operadoras, emissoras e empresas de mídia. Descrição do produto: mecanismo Patentied Experience Intelligence (EI) da Comigo utilizando técnicas avançadas de Aprendizado Profundo juntamente com algoritmos de Processamento de Linguagem Natural (NLP) para realizar o Enriquecimento Contextual baseado na análise de todos os diferentes elementos dentro do fluxo de vídeo — legendas, áudio e vídeo.

Fundada em 2012, a *Elastic* fornece software para tornar os dados estruturados e não estruturados utilizáveis em tempo real para casos de uso, como pesquisa, registro e análise. Descrição do produto: a Elastic fornece software para fazer dados estruturados e não estruturados utilizáveis em tempo real para casos de uso, como pesquisa, registro e análise.

Fundada em 2009, a *Mintigo* é uma plataforma de marketing preditivo baseada em IA que fornece serviços de geração de leads e engajamento de vendas para empresas. Descrição do produto: a Predictive Marketing Platform da Mintigo analisa os dados de CRM e automação de marketing de uma empresa para descobrir um perfil de cliente distinto para cada produto. A Mintigo então atribui uma pontuação principal preditiva para cada cliente potencial no funil de marketing da empresa para cada produto. Como resultado, a empresa sabe quais produtos se encaixam nos clientes e, assim, podem fornecer as ofertas e mensagens mais relevantes em suas campanhas.

Fundada em 2005, a *Optimal Plus* está empenhada em fornecer soluções de software para toda a empresa para gerenciamento de operações de teste para a indústria de semicondutores. Descrição do produto: uma arquitetura subjacente flexível, escalável, modular, gerenciável e poderosa o suficiente para atender às necessidades de todos os tipos de negócios de semicondutores. O gerenciamento e a qualidade dos dados são obtidos usando o OT-DB, um banco de dados robusto que lida com dados de alta integridade e acelera as informações para onde elas se tornam dados acionáveis. A infraestrutura de software inclui controle de testador em tempo real, simuladores e alvos de mecanismos de regras.

Fundada em 2009, a *Signals Analytics* fornece uma plataforma de inteligência aumentada habilitada por dados para fornecer recomendações e previsões de marcas. Descrição do produto: a Signals Playbook™ é uma plataforma de inteligência baseada em nuvem desenvolvida para coletar e analisar rapidamente vários dados externos e fontes de dados não estruturadas que cobrem consumidores, mercados e tecnologias e os transforma em insights de negócios tangíveis.

Fundada em 2007, a *SimilarWeb* é uma plataforma de inteligência de mercado digital que permite que profissionais de marketing e empresas analisem os concorrentes e monitorem o tráfego do site. Descrição do produto: em 2013, a SimilarWeb lançou o SimilarWeb Pro, a plataforma paga da empresa para inteligência de marketing, que hoje está sendo usada por importantes organizações globais. Em 2014, a SimilarWeb introduziu sua estratégia de mobilidade integrando insights de análise de web e aplicativos para dispositivos móveis em produtos da SimilarWeb. A empresa está lançando seu produto de engajamento de aplicativos para dispositivos móveis que revelará insights anteriormente desconhecidos sobre o uso, o envolvimento e a retenção de aplicativos.

Fundada em 2004, a *Sisense* desenvolve software de análise de negócios para gerenciar, analisar e visualizar dados complexos, desde a preparação de dados até a análise interativa. Descrição do produto: tecnologia in-chip — a Sisense foi projetada do zero com um banco de dados colunar escalável otimizado para memória que pode manipular confortavelmente terabytes de dados e centenas de consultas simultâneas. Esses recursos proporcionam um desempenho extraordinário e a tornam a solução perfeita para a preparação, análise e visualização de conjuntos de dados grandes e diferentes, permitindo que ela encabece uma nova era de *business intelligence* na era de dados complexos.

Fundada em 2012, a *OverOps* desenvolve uma tecnologia de análise de código estática e dinâmica que ajuda as empresas a reproduzirem e corrigirem problemas críticos em tempo real. Descrição do produto: a OverOps captura dinamicamente dados inteligentes exclusivos de dentro do tempo de execução do aplicativo, permitindo que as equipes de operações e desenvolvimento resolvam dez vezes mais rápido do que as soluções tradicionais de gerenciamento de logs.

Fundada em 2012, a *Voyager Labs* oferece uma plataforma para analisar, em tempo real, bilhões de pontos de dados para entender o comportamento humano e criar insights acionáveis em tempo real. Descrição do produto: Voyager Analytics® — Uma solução baseada em nuvem sofisticada: análise de negócios, análise em tempo real, plataformas de análise de Big Data.

Fundada em 2013, a *Elastifile* desenvolve um sistema de arquivos distribuídos em escala de nuvem que oferece soluções de análise, acesso a dados, armazenamento e gerenciamento. Descrição do produto: a solução de armazenamento definido por software (SDS) do Elastifile é apenas um software (BYOH — traga seu próprio hardware), armazenamento de arquivos distribuídos, objetos e blocos totalmente em Flash e serve como um escalonamento de nível empresarial para armazenamento primário.

A *SQream Technologies* fornece às empresas o banco de dados SQL de análise de dados de Big Data mais rápido e econômico disponível hoje. Com o SQream, as empresas podem obter rapidamente as respostas de que precisam.

A *Taykey* analisa centenas de milhões de dados por dia para definir o que é relevante para o público e como ele evolui. Essas soluções fornecem às empresas informações sobre marcas, clientes, produtos e eventos mais relevantes para o público-alvo, bem como a capacidade de direcionar automaticamente a publicidade digital em tempo real.

E-commerce

Fundada em 2015, a *Bkstg* é um portal de música on-line que oferece novas e mais recentes coleções de músicas. Descrição do produto: ele funcionará como um sistema de CRM, através do qual os artistas serão capazes de gerenciar relacionamentos com seus fãs. A Bkstg cobrará uma comissão por cada transação feita através de sua plataforma.

Fundada em 2006, a *ClickTale* desenvolve uma plataforma analítica de experiência do cliente que otimiza as interações do visitante com sites na área de trabalho, tablet e dispositivos móveis. Descrição do produto: a tecnologia Customer Experience Visualization™ permite que as empresas virtuais vejam a experiência on-line realista de seus clientes em todos os níveis de detalhe, desde visualizações agregadas até vídeos reproduzíveis das sessões de navegação dos usuários.

Fundado em 2007, o *Credorax* é uma nova geração de compradores focada especificamente na área de comércio eletrônico. Descrição do produto: a plataforma ePower ™ fornece aos parceiros e comerciantes todas as ferramentas necessárias para um processamento de pagamentos rápido, seguro e eficiente. Sua arquitetura Smart Acquiring e Payment Processing é composta de três camadas exclusivas: uma Camada de Infraestrutura, uma Camada de Aplicação e uma Camada de Interface do Usuário.

Fundado em 2009, o *Farmigo* é um mercado de fazendeiros on-line que fornece acesso ao bairro agrícola para alimentos frescos de produtores e produtores locais. Descrição do produto: o Farmigo criou uma solução empresarial com vários inquilinos no Google App Engine, permitindo que pequenas fazendas orgânicas entrem em rede entre si enquanto vendem diretamente para suas comunidades locais.

Fundada em 2012, a *Riskified* desenvolve tecnologias de modelagem e detecção para comerciantes on-line para verificar e aprovar solicitações de transação de compra. Descrição do produto: o modelo de aprovação por pagamento e garantia da Riskified fornece uma solução flexível e econômica que gera receita para os varejistas e permite uma experiência de cliente sem atritos. Sua tecnologia proprietária usa automação inteligente e métodos avançados de detecção de fraudes para analisar com precisão as ordens de cartão não presente (CNP)

250 | O VALE DE ISRAEL

com algoritmos de aprendizado de máquina, análise comportamental e impressão digital do dispositivo.

Fundada em 2012, a *Tapingo* fornece serviços de entrega de comida on-line e móvel. Descrição do produto: os aplicativos móveis nativos da Tapingo combinam uma plataforma de navegação rica e intuitiva com parcerias de comerciantes locais. Isso permite que as pessoas comprem coisas ao seu redor — de alimentos a ingressos para eventos — instantaneamente e sem complicações.

Fundada em 2013, a *Twiggle* projeta, desenvolve e implanta mecanismos de busca de e-commerce baseados em inteligência artificial para varejistas on-line. Descrição do produto: a Twiggle combina as técnicas mais avançadas em aprendizado de máquina, inteligência artificial e processamento de linguagem natural com um profundo entendimento do e-commerce.

Fundada em 2011, a *Yotpo* é uma plataforma de marketing de conteúdo que permite aos usuários gerar avaliações, classificações, perguntas e respostas sobre os mercados de comércio eletrônico. Descrição do produto: a Yotpo é uma plataforma de marketing de conteúdo do cliente que ajuda as empresas a gerar avaliações de clientes e transformá-las em um poderoso mecanismo de marketing.

Gestão imobiliária

Fundada em 2011, a *AppDome* permite que desenvolvedores móveis e profissionais de mobilidade corporativa integrem rapidamente aplicativos e serviços móveis sem codificação Descrição do produto: a solução de agrupamento dinâmico da

EMPRESAS ISRAELENSES NO CORAÇÃO DA INOVAÇÃO | 251

AppDome é baseada no nível binário da aplicação, que elimina completamente a necessidade de modificações no código-fonte e integração do SDK durante o desenvolvimento do ciclo da vida.

Fundada em 2012, a *Monday*.com é uma ferramenta de gerenciamento de projetos que permite aos usuários centralizar, gerenciar e colaborar no trabalho e compartilhar processos dentro da organização. Descrição do produto: uma plataforma para criar e compartilhar qualquer processo comercial para um fluxo de trabalho para qualquer equipe ou projeto de tamanho.

A *Amdocs* é um fornecedor líder de software e serviços para as principais empresas de comunicação e mídia. À medida que os clientes se reinventam, eles podem alcançar sua transformação digital por meio de soluções inovadoras e da implementação de operações inteligentes. A Amdocs e seus 25 mil associados trabalham em mais de 85 países.

Fundada em 2012, a *Compass* opera como uma plataforma imobiliária on-line que permite aos usuários comprar e vender casas. Descrição do produto: a Urban Compass oferece uma plataforma imobiliária que capacita agentes e clientes para colaborar em uma busca em casa.

Fundada em 2015, a *Lemonade* é uma plataforma baseada em inteligência artificial que oferece produtos de seguros para residências e locatários para moradores urbanos. Descrição do produto: uma plataforma baseada na web, aplicativo e widget para ajudar a garantir efetivamente locatários e proprietários de casas.

Workplace

Fundado em 2010, o *Fiverr* é um mercado on-line que combina indivíduos e empresas que precisam/fornecem tarefas e serviços. Descrição do produto: uma plataforma on-line inovadora onde as pessoas podem compartilhar as coisas que estão dispostas a fazer por US$ 5.

Fundada em 2010, a *WeWork* é uma provedora de espaço de trabalho, comunidade e serviços compartilhados para empreendedores, *freelancers*, startups e empresas. Descrição do produto: co-Working space.

Fundada em 2014, a *Gigster* é um local de trabalho on-line que permite que empresas iniciantes se conectem e contratem desenvolvedores autônomos. Descrição do produto: uma plataforma on-line que conecta programadores *free-lancers* a projetos de empresas.

Eventos

Fundada em 2013, a *HoneyBook* desenvolve um software de planejamento de eventos para planejadores de casamento e fornecedores relacionados. Descrição do produto: a plataforma da HoneyBook lida com contratos e processamento de pagamentos, além de conectar os usuários para se comunicarem e colaborarem uns com os outros. Os usuários podem rastrear o status de todos os seus projetos em um só lugar. Quer seja uma consulta, uma proposta ou uma ação de acompanhamento do cliente. Os modelos simples da HoneyBook permitem que os usuários façam upload de seu logotipo e banner, personalizem seus contratos e pacotes, recebam assinatura eletrônica, lembretes de pagamento automático e muito mais.

Recrutamento

Fundada em 2007, a *RealMatch* fornece soluções de publicidade e recrutamento para editores e empresas de mídia. Descrição do produto: permite que os empregadores forneçam candidatos de qualidade de forma mais rápida e eficiente através do uso de big data, inteligência artificial e algoritmos de campanha exclusivos que automatizam e otimizam o processo de publicidade do trabalho desde a classificação do trabalho e distribuição direcionada até a alocação de orçamento e lances dinâmicos, em diversas categorias de trabalho.

Intervyo Utiliza a análise preditiva humana em um sistema de entrevista de recrutamento automatizado para selecionar candidatos e prever com precisão sua adequação para uso. O sistema usa análises semânticas, faciais e de entonação e testes de personalidade.

Ciências biológicas

Fundada em 2004, a *Apos Therapy* é uma empresa de tecnologia médica que fornece várias condições ortopédicas. Descrição do produto: tecnologia biomecânica de uso do pé — baseado no entendimento de que o desenvolvimento e a progressão da dor no joelho e da osteoartrite podem ser reciclagem dos músculos para adotar um padrão de caminhada ideal ao longo do tempo.

Fundada em 2003, a *Aspect Imaging* é projetista e fabricante de sistemas de imagens por ressonância magnética para aplicações pré-médicas, médicas e industriais. Descrição do produto: a exclusiva tecnologia de ponta de ímã permanente compacta de alto desempenho 1-1.5 Tesla da Aspect Imaging — ímãs permanentes Compact High Performance — oferece soluções únicas e abrangentes para os principais obstáculos que existem no atual mercado de ressonância magnética.

Fundada em 2009, a *CartiHeal* é uma empresa de dispositivos médicos que desenvolve implantes livres de células para a regeneração de cartilagens e desordens ósseas. Descrição do produto: o inovador Agili-C™ da CartiHeal é um avanço na regeneração de cartilagens, oferecendo um implante natural, pronto para uso, para um procedimento de etapa única. Permite a verdadeira regeneração da cartilagem hialina, bem como a regeneração do osso subcondral subjacente, com recuperação ideal.

Fundada em 2002, a *Dune Medical Devices* projeta, desenvolve, fabrica e comercializa dispositivos microscópicos de detecção de câncer residual em tempo real. Descrição do produto: o sistema Dune MarginProbe compreende uma sonda portátil estéril e console portátil. Quando a ponta da sonda é aplicada a um segmento de lumpectomia excisada, os sinais de RF são transmitidos para o tecido e refletidos de volta ao console, onde são analisados usando um algoritmo especializado para determinar o status do tecido.

Fundada em 2004, a *EarlySense* desenvolve soluções de monitoramento contínuo e sem contato para hospitais, sistemas de saúde e redes integradas de entrega. Descrição do produto: o Sistema EarlySense é uma solução de monitoramento de pacientes totalmente integrada e plataforma de supervisão

EMPRESAS ISRAELENSES NO CORAÇÃO DA INOVAÇÃO | 255

que fornece informações vitais contínuas e em tempo real de sinais e movimento para todos os leitos em uma unidade hospitalar. O Patient Care Manager (PCM) no posto de enfermagem ajuda os enfermeiros a supervisionar de perto o estado de toda a população de pacientes no chão em todos os momentos.

Fundada em 1999, a *INSIGHTEC* desenvolve e comercializa sistemas de ressonância magnética não invasivos para o tratamento da doença de Parkinson, câncer e tumores cerebrais. Descrição do produto: o MRgFUS apresenta uma alternativa não invasiva para procedimentos de tecidos profundos que combina duas tecnologias comprovadas — ultrassom focalizado e ressonância magnética (MRI) com realimentação em tempo real. O procedimento poupa tecido não alvo e não deixa cicatrizes superficiais.

Fundada em 2011, a *LifeBEAM* projeta, desenvolve e fabrica instrumentos vestíveis para medir o desempenho humano em tempo real. Descrição: a tecnologia da Vi é baseada em três camadas principais: aquisição de dados e análise de mais de oitenta pontos de dados (biometria dos usuários, objetivo, conteúdo de áudio/música favorito, preferências de atividade, padrões comportamentais, clima etc.), módulos para adaptar a jornada de adequação orientada para objetivos do usuário 3. NVP (Natural Voice Processing) traduzindo todos os dados complexos e recomendações de conteúdo em uma experiência de voz/áudio intuitiva, humana e imersiva.

Fundada em 2010, a *OrCam Technologies* projeta e desenvolve dispositivos de áudio baseados em câmeras que usam sensores visuais para deficientes visuais e cegos. Descrição do produto: o OrCam é um sensor que vê o que está na frente dos usuários, entende quais informações eles buscam e fornece aos usuários através de um fone de ouvido de condução óssea.

Fundada em 2012, a *Rani Therapeutics* é uma desenvolvedora de pílulas para entrega oral de peptídeos, proteínas e anticorpos para pacientes com doenças crônicas. Descrição do produto: a pílula de Rani oferece uma injeção intestinal sem expor o medicamento a enzimas digestivas. O paciente pega o que parece ser uma cápsula comum, mas a nossa pílula "robótica" é um dispositivo sofisticado que incorpora uma série de inovações, permitindo-lhe navegar pelo estômago e entrar no intestino delgado.

Fundada em 2007, a *Sensible Medical Innovation* oferece detecção e monitoramento para o gerenciamento e tratamento de várias condições médicas crônicas. Descrição do produto: o ReDS™ permite o monitoramento e o gerenciamento não invasivos de pacientes com problemas de gerenciamento de fluidos. Os níveis de fluidos pulmonares são importantes no tratamento de pacientes com insuficiência cardíaca e o ReDS™ é projetado tendo em mente as necessidades desses pacientes.

Fundado em 2012, o *Talkspace* é um aplicativo baseado na web e em dispositivos móveis que permite que as pessoas se conectem e se comuniquem com terapeutas licenciados. Descrição do produto: o Talkspace conecta pessoas com terapeutas licencia-dos através de seus aplicativos web e móveis. Como a principal empresa de terapia on-line, o Talkspace revolucionou o acesso aos cuidados de saúde mental, trazendo o diálogo entre tera-peutas e seus clientes para a era digital.

Fundada em 2010, a *V-Wave* é uma empresa de dispositivos médicos que se concentra no desenvolvimento de produtos implantáveis para tratar pacientes com insuficiência cardíaca crônica. Descrição do produto: o V-Wave Shunt é um implante unidirecional interatrial em miniatura, biocompatível, apresentando uma nova abordagem terapêutica para pacientes com IC crônica. O shunt regula o LAP, a causa do agravamento dos sintomas que levam a mais de 3 milhões de hospitalizações por ano.

Fundada em 2014, a *Zebra* é uma fornecedora de soluções de análise de imagens automatizadas com base em AI para o setor de saúde. Descrição do produto: visa ajudar os médicos a realizar pesquisas inovadoras de imagem, decifrar com precisão as informações recebidas de vários sistemas de imagem, como CT, raios X e muito mais, e assim encurtar a duração da terapia em pacientes.

A *BioView* desenvolve, produz e comercializa soluções inovadoras em citologia patológica (estudo da qualidade celular, incluindo câncer). Fundada em 2000, a BioView está sediada em Israel e possui uma subsidiária nos Estados Unidos, responsável pelas vendas e suporte técnico no mercado dos Estados Unidos. Seus produtos são distribuídos internacionalmente pela Abbott Molecular.

Fundada em 2015, a *BiomX* descobriu e desenvolveu terapias inovadoras por microbioma (drogas, bactérias) para prevenir e curar certos tipos de câncer, doenças inflamatórias intestinais e doenças da pele. A empresa utiliza plataformas de cuidados com a pele baseadas em tecnologias de ponta projetadas e patenteadas por seus fundadores.

258 | O VALE DE ISRAEL

A *BOL Pharma* é pioneira no setor de medicamentos à base de cannabis em Israel desde 2008. Trabalhando com o Ministério da Saúde de Israel, que o licencia, a BOL fornece seus produtos farmacêuticos, nutricionais e dermocosméticos a bilhões de pacientes, médicos e hospitais.

A *CathWorks* é uma empresa de capital privado fundada em 2013, especializada em equipamentos médicos, especialmente para o mercado de cardiologia intervencionista. A tecnologia da empresa melhora as técnicas de angiografia coronária para validar as observações feitas nas salas de cateterismo (visualização das artérias do coração).

A *Check-Cap* é a empresa que projetou a primeira câmeracápsula de raios X para triagem de pólipos e diagnóstico de câncer de cólon sem preparação prévia (purgação intestinal) ou dor. No início de 2015, a Check-Cap foi introduzida na Nasdaq IPO e levantou US$ 12 milhões e incluiu a Fosun Pharmaceuticals, a GE Healthcare e a Pontifax em seu capital.

A *ContinUse Biometrics Labs* está estabelecida em Israel, na Espanha e no Vale do Silício, e sua equipe de especialistas da academia e da indústria de alta tecnologia está revolucionando as soluções de detecção com pesquisa de alto nível nas áreas de diabetes e doenças cardiovasculares. A tecnologia deriva de uma colaboração acadêmica de mais de dez anos com as universidades de Bar-Ilan e Valencia.

A *CuraLife* é uma empresa especializada no combate às doenças crônicas. Uma variedade de suplementos naturais foi desenvolvida para ajudar o corpo a gerenciar e responder ao impacto debilitante das doenças crônicas. Mantendo a saúde do consumidor em mente, a equipe combinou os antigos princípios ayurvédicos (medicina tradicional da Índia) com pesquisa científica para formular um produto confiável e eficaz.

A *Eloxx Pharmaceuticals* é especializada na descoberta, desenvolvimento e comercialização de compostos para o tratamento de doenças genéticas raras, incluindo fibrose cística, distrofia muscular de Duchenne e muitos outros. A Eloxx Pharmaceuticals está desenvolvendo um conjunto de moléculas projetadas para tratar doenças genéticas causadas por mutações sem sentido.

A *Greenonyx* é uma empresa israelense inovadora fundada em 2012 que desenvolveu um dispositivo exclusivo para a produção e entrega instantânea de vegetais frescos chamado Khai Nam. Ele permite que moradores bastante ocupados dos grandes centros tenham acesso a qualquer momento e em qualquer lugar a vegetais frescos.

Given Imaging. Líder mundial no desenvolvimento e promoção de soluções suaves para pacientes que precisam passar por exames de detecção de transtornos gastrointestinais. Sua invenção mais famosa é a PillCam, uma cápsula com uma minicâmera que permite explorar de maneira indolor o corpo do paciente. Este sistema é agora reconhecido mundialmente pela sua eficácia. A empresa está listada na NASDAQ e na TASE e agora faz parte da Medtronic.

Hera-Med. Plataforma de teste baseada nos mais altos critérios de confiabilidade. A empresa oferece um teste de gravidez caseiro em condições de máximo conforto e tranquilidade.

A *Itamar Medical* fabrica dispositivos de diagnóstico móveis que permitem a detecção a jusante de doenças cardiovasculares, riscos cardíacos, problemas de apneia do sono, no próprio quarto do paciente e não em uma clínica. A empresa está listada na Bolsa de Valores de Tel Aviv. www.itamar-medical.com

A *Keystone Heart Ltd.* é uma empresa de dispositivos médicos que desenvolve e fabrica sistemas de proteção cerebral que podem reduzir o risco de acidente vascular cerebral, declínio neurocognitivo e demência devido a embolias cerebrais associadas a complicações cardiovasculares.

Mazor Robotics, Ltd. incluindo o produto SpineAssist da Mazor Robotics e outros robôs cirúrgicos que revolucionaram a cirurgia da coluna, a Mazor fornece um procedimento muito mais preciso e usando muito menos radiação do que o processo usual. A empresa está listada na NASDAQ e TASE. A sede dos Estados Unidos da Mazor Robotics US está em Orlando, Flórida, e a Mazor Robotics possui subsidiárias em Caesarea (Israel) e Münster (Alemanha).

Medasense Biometrics Ltd. é uma empresa em estágio de crescimento especializada em dispositivos médicos e soluções inovadoras de monitoramento da dor para aplicações analgésicas sob medida.

Medial EarlySign. Fundada em 2009, a Medial EarlySign utiliza algoritmos matemáticos avançados e técnicas de inteligência artificial para detectar sinais fracos e os riscos de saúde de um paciente, comparando-os com milhões de arquivos tratados anteriormente.

A *Medic Vision Imaging Solutions* é um fornecedor para revendedores especializados de soluções de imagens médicas (scanners, MRI...) e projetista de novas tecnologias neste campo.

A *Nano Retina* desenvolve uma retina artificial que se integra com a estrutura fisiológica do olho. Esta inovadora tecnologia baseada na nanotecnologia visa ajudar milhões de pessoas com doenças degenerativas da retina.

Nano Textile. O objetivo da Nano Textile é salvar vidas combatendo infecções durante hospitalizações, que causam milhões de mortes. A Nano Textile foi fundada em 2013 para criar uma tecnologia que gere soluções de proteção têxtil usadas em cirurgias com propriedades antibacterianas, reduzindo assim as infecções nosocomiais, impedindo a transferência bacteriana entre pacientes e profissionais.

NeuroDerm. Atualmente, a NeuroDerm está desenvolvendo um portfólio abrangente de produtos para abordar as deficiências específicas das atuais metodologias de tratamento para a crescente população de pacientes com doença de Parkinson moderada ou grave. A NeuroDerm é a primeira empresa a desenvolver o fluido de fórmula de levodopa/carbidopa (LD/CD), que aumenta os níveis de LD/CD no cérebro, melhora as conexões nervosas e diminui os distúrbios de movimento devido à doença de Parkinson. A empresa foi adquirida em 2017 pelo grupo farmacêutico japonês Mitsubishi Tanabe Pharma.

A *Neurolief* desenvolveu uma tecnologia de neuromodulação cerebral não invasiva que aborda os efeitos debilitantes da enxaqueca e da depressão. A terapia funciona a partir de instalações transportáveis que fornecem tratamento seguro, eficaz e independente, sem interromper as atividades diárias do paciente.

NovellusDX. Fundada em 2011, a NovellusDX reuniu uma equipe de talentos brilhantes de diferentes áreas. Juntos, eles se propuseram a missão de fornecer dados clínicos baseados em evidências e permitir que os profissionais de oncologia tratassem cada câncer e paciente com o tratamento correto e orientassem as empresas farmacêuticas em suas pesquisas.

A *Nutrinia* desenvolve medicamentos para tratamento de úlceras por meio de uma tecnologia de ação de insuficiência intestinal por absorção de insulina oral. Esses medicamentos tratam doenças gastrointestinais raras em crianças prematuras, crianças e adultos.

A *OCON Medical* desenvolveu a revolucionária plataforma IUB™, que é a base de seus produtos intrauterinos. A tecnologia da OCON MediCal foi apoiada por Pontifax, RMI, Docor Internacional, E. Burke Ross e Geddes Parsons, entre os principais investidores e "investidores anjo" no setor de saúde.

A *Omnix Medical* dedica-se ao desenvolvimento e comercialização de agentes antibióticos altamente eficazes contra estirpes bacterianas resistentes. O Omnix aborda a ameaça significativa à crescente saúde pública que afeta milhões de pessoas em todo o mundo que sofrem de infecções associadas a bactérias resistentes.

EMPRESAS ISRAELENSES NO CORAÇÃO DA INOVAÇÃO | 263

A *Perfaction*™ é uma empresa israelense sediada em Rehovot, que comercializa aplicações de remodelação da pele não cirúrgicas fornecendo simultaneamente energia cinética e um composto ativo para remodelação dérmica com um alto desfecho clínico. Um de seus principais produtos, o EnerJet™ é um sistema de remodelação dérmica que injeta continuamente HA (ácido hialurônico) para restauros faciais, reparo de cicatrizes e regeneração da pele.

A *RDD Pharma* é uma subsidiária da OrbiMed e é especializada em transtornos anurretais, para os quais existe uma demanda significativa, mas insuficientemente satisfeita. A RDD Pharma recentemente tratou seus primeiros pacientes na Europa com fissura anal crônica em um estudo multicêntrico de fase 3.

A RealView Imaging Ltd. apresenta o primeiro sistema de interface e exibição holográfico 3D do mundo, projetado originalmente para aplicações de imagens médicas. A tecnologia proprietária da empresa projeta imagens holográficas hiper-realistas e dinâmicas em 3D "flutuando no ar" sem a necessidade de qualquer tipo de óculos ou uma tela 2D convencional. Imagens 3D projetadas aparecem no espaço, permitindo ao usuário literalmente tocá-las e interagir com elas, apresentando um avanço único e exclusivo em holografia digital e interação em tempo real.

ReWalk Robotic. O exoesqueleto do ReWalk robótico foi o primeiro a receber aprovação da FDA dos Estados Unidos. O sistema foi desenvolvido pelo Dr. Amit Goffer, sendo ele mesmo um tetraplégico. Sua invenção permitiu que os tetraplégicos corressem as maratonas de Londres e Tel Aviv. O modelo de reabilitação é utilizado por pacientes em centros médicos, tanto na Europa como nos Estados Unidos.

A *Regenera Pharma Ltd.* é uma empresa farmacêutica de estágio clínico que desenvolve um medicamento inovador para o tratamento da neuropatia óptica. Atualmente, ele está focado no tratamento da neuropatia óptica isquêmica.

A *Tymcure Ltd.* foi fundada em 2014 e é uma subsidiária da CTZ Medical. A tecnologia da Tymcure deriva das aplicações de pesquisa da Mor, uma das maiores organizações de manutenção médica (HMO) em Israel e em todo o mundo. Os líderes da Tymcure são dinâmicos e contam com uma equipe competente de cientistas de alto nível. A visão da empresa visa revolucionar o tratamento das membranas timpânicas, propondo uma nova técnica aos cirurgiões.

A *Valcare Medical* fornece tecnologias inovadoras e pouco invasivas para o tratamento da regurgitação mitral e tricúspide. A revolucionária plataforma de válvula mitral é baseada em um anel em forma de D que serve como uma única estação de encaixe de prótese de substituição e uma ferramenta altamente eficaz para o reparo do anel mitral.

A *V-Wave* desenvolve dispositivos terapêuticos implantáveis percutâneos para pacientes com insuficiência cardíaca crônica. Com sede em Israel, a equipe da V-Wave já ganhou vários prêmios para empresas em estágio inicial.

A *Syneron Candela* é uma das empresas líderes no mercado de estética com um portfólio abrangente de soluções em áreas como depilação a laser, massagem para delineamento de formas, redução de rugas, retirada de tatuagens, melhoria das superfícies da pele, bem como o tratamento de acne, varizes e celulite. Em julho de 2016, a Syneron Candela anunciou que tinha a aprovação do FDA dos Estados Unidos para sua solução UltraShape Power para destruição de gordura. A empresa está listada na NASDAQ.

Fundada em 2010 por um dermatologista e um cardiologista, a *Hairstetics* desenvolve, fabrica e comercializa soluções inovadoras de ancoragem capilar Hairstetics™ e Hair Filler. Estas técnicas de fácil utilização podem ser implementadas por um cirurgião ou enfermeiro, dependendo do país.

Segurança cibernética

Fundada em 2003, a *AlgoSec* é uma fornecedora de soluções de gerenciamento de segurança, incluindo segurança em nuvem, segmentação de rede e otimização de firewall para empresas. Descrição do produto: a solução de gerenciamento de segurança da AlgoSec fornece visibilidade holística em nível de negócios em toda a infraestrutura de segurança de rede, incluindo aplicativos de negócios e seus fluxos de conectividade — na nuvem SDN e nas redes locais. Com o AlgoSec, os usuários podem descobrir e migrar automaticamente a conectividade de aplicativos, analisar proativamente os riscos a partir da perspectiva de negócios, vincular ataques cibernéticos aos processos de negócios e automatizar de maneira inteligente as demoradas alterações de segurança.

Fundada em 2014, a *enSilo* desenvolve uma plataforma de segurança de terminais que fornece detecção, proteção de dados e resposta em tempo real para ataques cibernéticos direcionados. Descrição do produto: o agente leve de enSilo inclui antivírus de última geração (NGAV), controle de comunicação de aplicativos, detecção automatizada de terminal e resposta (EDR) com bloqueio em tempo real, detecção de ameaças, resposta a incidentes e recursos de correção virtual. Juntamente com uma abordagem patenteada que tem total visibilidade do sistema, a solução de segurança de endpoints da enSilo interrompe o malware moderno com um alto grau de precisão e interface de usuário intuitiva.

Fundada em 2012, a *Cybereason* é uma plataforma de detecção e resposta de endpoint que oferece soluções de detecção de ameaças cibernéticas e investigação de incidentes em tempo real. Descrição do produto: A Cybereason se destaca na detecção porque a solução está focada na coleta e análise de dados comportamentais. É a melhor fonte de dados primários para entender o que realmente está acontecendo na empresa. A Cybereason também tem uma competência essencial na análise centralizada e eficaz em escala. Em vez de máquinas individuais se defenderem com uma fração de sua capacidade, a Cybereason permite que as empresas usem todo o ecossistema de terminais como um mecanismo de defesa com todos os endpoints trabalhando juntos para proteger a organização.

Fundada em 2013, a *Forter* oferece decisões totalmente automatizadas de prevenção contra fraudes em tempo real para comerciantes on-line. Descrição do produto: o sistema da Forter é baseado no aprendizado de máquina e informado por especialistas e pesquisas. Ele utiliza muitos milhares de pontos de dados ao analisar transações e aproveita a inteligência cibernética, a identidade elástica e a análise comportamental para avaliar cada vertente do perfil de um cliente individualmente e como parte do todo.

EMPRESAS ISRAELENSES NO CORAÇÃO DA INOVAÇÃO | 267

Fundado em 2013, o *GuardiCore* é um data center interno e uma plataforma de segurança em nuvem que permite que as organizações evitem seus dados contra a detecção de violações em tempo real. Descrição do produto: o GuardiCore Centra™ Security Platform ajuda a resolver esse desafio de segurança do data center interior, fornecendo uma combinação única de visibilidade em nível de processo, engano de ameaça, análise semântica e resposta automatizada para detectar, investigar e mitigar ameaças do data center em tempo real.

Fundada em 2014, a *Illusive Networks* desenvolve e fornece tecnologia baseada em enganos para prevenir ataques avançados e ameaças persistentes. Descrição do produto: a Ilusive cria uma realidade alternativa, transparente em qualquer rede existente. Os invasores levados a essa realidade serão instantaneamente identificados além de qualquer dúvida, acionando um alerta de alta fidelidade que os usuários podem usar.

Fundada em 2006, a *ObserveIT* ajuda as organizações a identificar e eliminar ameaças internas. Confiável por mais de 1.600 clientes. Descrição do produto: a arquitetura ObserveIT é baseada na tecnologia Cliente/Servidor, que requer que um agente seja instalado em cada servidor monitorado e em um servidor central para preservar os dados recebidos. A função do agente é capturar e documentar continuamente toda a atividade humana associada ao servidor no qual ele está instalado.

Fundada em 2013, a *SentinelOne* desenvolve um software de segurança de ponto final que detecta, modela e prevê comportamentos de ameaças para bloquear ataques. Descrição do produto: o SentinelOne EPP bloqueia ameaças avançadas e fornece análise forense em tempo real em várias plataformas. Endpoint Protection Platform: A primeira solução de segurança de endpoint de última geração certificada pela AV-TEST projetada para substituir o antivírus existente. A Proteção Adaptativa contra Ameaças consiste em três camadas de proteção: previne as ameaças no início, para os ataques ao desdobrar, detecta e remove ameaças ativas.

Fundada em 2002, a *Skybox Security* fornece soluções de gerenciamento de serviços financeiros, varejo e saúde. Descrição do produto: com um modelo de rede abrangente, os clientes têm um espaço viável para avaliar os pontos fracos e proteger melhor os ativos essenciais diariamente. Encontra e corrige vulnerabilidades mais rapidamente do que novos vetores de ataque são introduzidos. Simula ataques para entender os caminhos de acesso.

Fundada em 2007, a *Tanium* fornece soluções de sistemas de segurança e gerenciamento que permitem que as empresas protejam, controlem e gerenciem seus ativos de computador gerenciados. Descrição do produto: Plataforma Cyber Security que combina uma variedade de diferentes elementos de segurança, incluindo o Tanium Asset, o Tanium Deploy e o Tanium Patch.

Fundada em 2014, a *Team8* é uma provedora de soluções de infraestrutura de para empresas. Descrição do produto: o Team8 ajuda a colmatar quaisquer lacunas com o Innov8 Labs, que coloca inteligência vital, pesquisa e insights no cenário à disposição dos empreendedores do Team8. O Innov8 Labs é um *think-tank* defensivo e que pode ajudar empreendedores inovadores a interagir com suas ideias e desenvolvê-las em tecnologias disruptivas.

Fundada em 2013, a *ThetaRay* fornece serviços de gerenciamento de ameaças cibernéticas baseados na nuvem para detectar e prevenir ataques cibernéticos. Descrição do produto: O IP central da ThetaRay, seus recursos de análise patenteados, são integrados e integrados a uma infraestrutura central compartilhada (a plataforma), permitindo que as organizações utilizem facilmente a tecnologia exclusiva da empresa em soluções personalizadas para suas necessidades.

Fundada em 2014, a *Transmit Security* combina biometria com tecnologias avançadas de perfil comportamental, segurança e antifraude em uma única plataforma de autenticação. Descrição do produto: a Transmit Security combina biometria com perfil comportamental avançado, segurança e tecnologias antifraude em uma plataforma de autenticação.

Fundada em 2010, a *TrapX* fornece uma tecnologia enganosa que detecta, analisa e derrota *ransomware* e outros ataques de segurança cibernética. Descrição do produto: com a plataforma TrapX 360, as empresas do Global 2000 podem detectar e analisar *malware* Zero-Day e não detectado, usados pelas organizações de ameaças persistentes avançadas (APT) mais destrutivas do mundo, criar perfis de ameaças, bloquear ataques e corrigir automaticamente os danos causados em ecossistemas de TI.

Fundada em 2010, a *Zimperium* oferece proteção em tempo real de classe empresarial para dispositivos móveis contra ameaças e ataques de *malware*. Descrição do produto: z9, um revolucionário mecanismo de defesa de ataque cibernético que usa heurística para detectar dinamicamente ataques avançados baseados em host e rede em dispositivos móveis. O motor z9 foi desenvolvido a partir do zero para dispositivos móveis para combater os desafios únicos de proteger dispositivos iOS e Android.

Desde 1993, a *Check Point* desenvolveu uma gama de soluções de proteção para seus clientes contra todos os tipos de ameaças na área de software, simplificando a complexidade dos procedimentos de segurança e reduzindo os custos de sua tecnologia. Ouvir constantemente as necessidades dos consumidores está sendo conduzido para redefinir o mercado de segurança, hoje e amanhã.

A *Elbit Systems Ltd.* é uma empresa israelense especializada em sistemas de defesa eletrônica, envolvida em vários programas em todo o mundo. Em 2015, a Elbit Systems empregava aproximadamente 12 mil pessoas nas áreas de engenharia, pesquisa e desenvolvimento, além de outros campos.

Tufin. Empresa especializada em gerenciamento de "nova geração", *firewalls*, roteadores e outros dispositivos de segurança de rede. Com mais de 1.900 clientes, a Tufin oferece continuidade de negócios com um alto nível de segurança em ambientes *"cloud"* físicos, privados, públicos e híbridos.

A *NICE* torna o Big Data acessível para empresas. Quando empresas maiores querem melhorar seu desempenho e serem mais eficientes, enquanto se protegem de ataques cibernéticos, elas garantem sua segurança e proteção entrando em contato com a NICE.

A *SimilarWeb* é o líder global em métricas da Web e inteligência competitiva on-line. Utilizando o maior painel on-line internacional, a SimilarWeb desenvolve ferramentas de análise de sites que analisam estatísticas de tráfego de qualquer site, permitindo a comparação de estratégias de tráfego e aquisição de tráfego em vários sites simultaneamente.

Computação em nuvem

Fundada em 2015, a *Cato* é uma provedora de uma plataforma de segurança e rede integrada baseada em nuvem que permite que as empresas conectem seus locais, pessoas e dados. Descrição do produto: a Cato oferece uma plataforma de rede e segurança integrada que conecta com segurança todos os locais, pessoas e dados da empresa. O Cato Cloud reduz os custos de conectividade MPLS, elimina os appliances de filiais, fornece acesso direto e seguro à internet em todos os lugares e integra de forma transparente os usuários móveis e as infraestruturas de nuvem à rede corporativa. A Cat Networks fornece às organizações uma SD-WAN global segura e baseada em nuvem.

Fundada em 2008, a *CTERA* desenvolve uma plataforma de serviços de armazenamento em nuvem que oferece compartilhamento de arquivos, backup e soluções de armazenamento remoto para escritórios. Descrição do produto: a CTERA é a única empresa a integrar serviços de arquivos de terminais, escritórios e nuvem com segurança de TI, opções de nuvem e automação inflexíveis. A solução completa para modernizar o armazenamento, o backup e o compartilhamento de arquivos em empresas dispersas, os *appliances* CTERA Cloud Storage Gateway são fáceis de implantar, gerenciar e usar. Eles substituem os servidores de arquivos, o backup em fita e outros sistemas proprietários por uma solução única, integrada na nuvem e econômica.

Fundado em 2014, o *E8 Storage* fornece armazenamento *flash* com uma arquitetura em escala de rack para a nuvem corporativa e definida por software. Descrição do produto: o *appliance* E8 Storage elimina projeções de necessidade de armazenamento, é facilmente atualizável e expansível, permite a conexão em rede convergente e aumenta a utilização de SSDs para mais de 90%.

Fundada em 2000, a *GigaSpaces* fornece plataformas de virtualização de aplicativos e soluções de dimensionamento de ponta a ponta. Descrição do produto: a plataforma GigaSpaces oferece uma arquitetura verdadeiramente livre de silo, juntamente com agilidade e abertura operacional, proporcionando eficiência aprimorada, desempenho extremo e disponibilidade sempre ativa.

Fundada em 2011, a *Infinidat* é uma provedora de soluções de armazenamento de dados e virtualização para os setores de saúde, finanças e energia. Descrição do produto: a InfiniBox é uma matriz de armazenamento corporativo que elimina problemas de desempenho, disponibilidade e escalabilidade para acelerar aplicativos de negócios críticos. Impulsionada pela arquitetura patenteada de software de armazenamento da IN-FINIDAT, a InfiniBox oferece desempenho ultra-alto, *throughput* e latência extremamente baixa — tudo isso sem comprometer a alta disponibilidade e a proteção de dados completa.

Fundada em 2010, a *Intigua* desenvolve e fornece um software de gerenciamento de configuração que permite às organizações de TI implantar, configurar e solucionar problemas de agentes de ferramentas de servidor. Descrição do produto: a Intigua reduz significativamente os esforços e custos de gerenciamento de servidores e, ao mesmo tempo, garante que as ferramentas e servidores atendam aos requisitos corporativos e regulamentares.

Fundada em 2008, a *Kaminario* fornece soluções de memória flash de estado sólido para empresas e necessidades de armazenamento de dados corporativos. Descrição do produto: a nova geração do K2 é um array de armazenamento primário totalmente em flash, otimizado para a mais alta relação custo-benefício, ao mesmo tempo que fornece desempenho e escalabilidade consistentes em qualquer carga de trabalho em qualquer ambiente. O K2 possui uma verdadeira arquitetura de expansão com dados e metadados distribuídos por todos os nós e todos os SSDs do sistema. Com alta disponibilidade integrada e proteção de dados automatizada, o K2 oferece consistentemente baixa latência, alto rendimento e excelente desempenho de IOPS necessário para a TI.

Fundada em 2007, a *Nipendo* oferece uma plataforma de colaboração entre compradores e fornecedores, permitindo que as organizações compradoras otimizem seus processos de aquisição para pagamento. Descrição do produto: plataforma de conformidade baseada em nuvem para processos de Busca--a-Pagar (P2P) que combina as seguintes tecnologias: converter documento P2P para formato eletrônico em formato XML; elevar documentos eletrônicos a um nível abstrativo e convertê-los em formato unificado, estrutura e dicionário; vinculação de documentos relacionados automaticamente pelo entendimento de seu conteúdo; mecanismo baseado em regras, fluxo de trabalho de máquina de estado e BPM; algoritmos de análise de risco para avaliação e classificação de risco financeiro.

274 | O VALE DE ISRAEL

Fundada em 2006, a *Perfecto Mobile* fornece acesso remoto e soluções de testes automatizados para dispositivos móveis. Descrição do produto: a Plataforma MobileCloud é uma plataforma de gerenciamento de qualidade de aplicativos móveis baseada na nuvem de nível corporativo, alimentando o conjunto de produtos de testes e monitoramento móveis da Perfecto Mobile. Essa plataforma 100% baseada em SaaS permite que os usuários acessem smartphones e tablets reais, bem como emuladores, globalmente e em operadoras. A Perfecto Mobile oferece um conjunto de integrações rígidas com ferramentas de teste líderes de mercado e ambientes de desenvolvimento, permitindo que as organizações estendam de forma rentável suas ferramentas e fluxos de trabalho existentes do Application Lifecycle Management para dispositivos móveis.

Fundada em 2004, a *Quali* é uma fornecedora de soluções de automação de nuvem para organizações de infraestrutura, rede, desenvolvimento e teste de tecnologia da informação. Descrição do produto: a arquitetura gráfica e orientada a objetos do TestShell e a execução automatizada de automação de infraestrutura ajudam a melhorar a qualidade de produtos e serviços, otimizam o desempenho do laboratório de teste, aceleram o tempo de colocação no mercado e reduzem significativamente os gastos operacionais e de capital.

Fundada em 2010, a *Qwilt* desenvolve uma tecnologia de vídeo que ajuda as operadoras de rede a identificar, monitorar, armazenar e entregar vídeos da internet aos seus assinantes. Descrição do produto: os produtos da Qwilt permitem que as operadoras criem uma estrutura de vídeo universal que funcione de forma transparente, sem interrupções ou alterações no provedor de conteúdo ou nas infraestruturas de rede. Isso os ajuda a conter o custo do crescimento do tráfego de vídeo on-line, enquanto mantém suas opções em aberto para futuros modelos de negócios, aproveitando a camada de entrega de vídeo. O Video Fabric Controller da empresa combina todas as funcionalidades necessárias em uma plataforma unificada e autônoma. A solução insere-se perfeitamente em qualquer infraestrutura de rede, é simples de gerenciar e é projetada especificamente para os requisitos de um ambiente de rede de operadora.

Fundada em 2011, a *Redis Labs* é uma plataforma de banco de dados em memória que oferece gerenciamento de filas, armazenamento em cache de conteúdo e dados de séries temporais para aplicativos da Web e móveis. Descrição do produto: a Redis Labs desenvolveu uma tecnologia proprietária abrangente que encapsula o software de código aberto enquanto emprega seu cliente padrão e suporta totalmente todos os seus tipos de dados e comandos. A tecnologia da Redis Labs lida com a arquitetura de implementação do Redis e fornece soluções de *clustering* de ponta e de alta disponibilidade na plataforma de banco de dados *in-memory* de nível empresarial.

Fundada em 2012, a *Reduxio* constrói uma plataforma de armazenamento híbrido flash corporativo que oferece infraestrutura de virtualização, bancos de dados e soluções de DevOps. Descrição do produto: NoDup, uma tecnologia de redução de dados em tempo real com patente pendente, descarta dados redundantes antes de serem gravados, portanto nenhum dado duplicado é armazenado em nenhum lugar do sistema — seja o cache, SSD ou HDD, volumes, clones ou histórico.

Fundada em 2013, a *Teridion* é uma plataforma de rede que fornece soluções de entrega de conteúdo e aceleração de aplicativos para os provedores de serviços em nuvem. Descrição do produto: a rede global de nuvem da Teridion é baseada na tecnologia Virtual Backbone. Ela aborda os desafios de congestionamento da internet de uma maneira fundamentalmente diferente, encontrando e direcionando o tráfego para os usuários finais por meio da melhor rota possível.

Fundada em 2011, a *WalkMe* opera como uma plataforma de orientação e envolvimento baseada em nuvem que ajuda as empresas a simplificar as experiências on-line. Descrição do produto: O WalkMe™ é usado por empresas de uma ampla variedade de indústrias e verticais para aumentar as vendas e as taxas de conversão, impulsionar o UX, reduzir os custos de suporte e melhorar a produtividade dos funcionários. Uma orientação abrangente passo a passo, fornecida por meio de uma sequência de balões de ponta, é fornecida sem que o usuário saia da tela, assista a tutoriais em vídeo ou leia manuais tediosos ou páginas de perguntas frequentes.

Fundada em 2009, a *Zerto* é uma provedora de software de recuperação de desastres e continuidade de negócios para data centers virtualizados e em nuvem. Descrição do produto: A solução da empresa, o Zerto Cloud Fabric, permite flexibilidade e capacidade de gerenciamento de dados e aplicativos, independentemente de residirem no local, em qualquer provedor de serviços em nuvem ou em combinação de ambos, conhecidos como "nuvem híbrida".

Criação de conteúdo

Fundada em 2006, a *Kaltura* é uma plataforma de vídeo de código aberto que fornece soluções de gerenciamento, publicação, distribuição e monetização de vídeo para empresas de mídia. Descrição do produto: A plataforma integrada Kaltura-Tvinci permite que operadores e empresas de telecomunicações, empresas de mídia, proprietários de conteúdo e distribuidores alcancem e rentabilizem todos os usuários em todos os dispositivos. A plataforma suporta serviços ao vivo, sob demanda e de captura; SVOD, TVOD e monetização baseada em anúncios; interação social e uma experiência personalizada.

Fundada em 2011, a *Minute Media* desenvolve uma plataforma de mídia esportiva que permite aos jornalistas criar e compartilhar artigos, quizzes, apresentações de slides, vídeos e listas. Descrição do produto: ferramentas de geração de conteúdo de 90min são as mais ricas em futebol on-line. As previsões de partidas, vídeos, apresentações de slides, formação de equipes e rankings de jogadores estão entre uma variedade de recursos. A 12UP é uma plataforma on-line para os amantes de esportes americanos. Como 90min, a 12UP está focada em descobrir conteúdo autêntico, real e visual das profissões esportivas americanas dentro e fora de suas arenas. O conteúdo é criado e compartilhado diariamente na plataforma e nas redes sociais por entusiastas de esportes de todo o mundo.

Fundado em 2012, o *PlayBuzz* é uma rede aberta para editores, profissionais de marketing e marcas para criar e compartilhar itens de conteúdo lúdico, como questionários, listas e enquetes.

278 | O VALE DE ISRAEL

Descrição do produto: as ferramentas de narrativa da empresa, como artigos interativos, pesquisas, cartões flip, listas e muito mais, são utilizadas para aumentar o engajamento do público e aumentar as taxas de participação social.

Fundada em 2010, a *Tabtale* projeta e desenvolve livros interativos, jogos e aplicativos educacionais. Descrição do produto: com uma plataforma proprietária feita para o rápido desenvolvimento de conteúdo de alta qualidade para dispositivos inteligentes, a TabTale lançou mais de 300 aplicativos no iOS, Android e Windows.

Fundada em 2012, a *Wochit* é uma plataforma de criação de vídeo social que oferece ferramentas de automação baseadas na nuvem e recursos pré-licenciados para expandir o envolvimento do público. Descrição do produto: a tecnologia tem uma função de pesquisa de linguagem natural que faz spiders de artigos para palavras-chave e frases e, em seguida, extrai o conteúdo relevante de fontes on-line.

Desenvolvimento de softwares e ferramentas

Fundada em 2008, a *JFrog* fornece uma solução de gerenciamento de repositório binário para distribuição de software para desenvolvedores de software. Descrição do produto: Jifrog Artifactory — um repositório universal de artefatos. JFrog Bintray — uma plataforma universal Distribution Hub. JFrog Mission Control — um controle centralizado, gerenciamento e monitoramento de todos os ativos de artefatos corporativos globalmente. JFrog Xray — Executa a análise universal de componentes, examinando recursivamente todas as camadas dos pacotes binários de uma organização para fornecer transparência radical e insights incomparáveis em sua arquitetura de software.

Fundada em 2003, a *ScaleMP* é uma provedora de soluções de virtualização que permite que dispositivos e processadores de computação acessem dispositivos de armazenamento externos. Descrição do produto: a inovadora arquitetura Versatile SMP (vSMP) da ScaleMP agrega vários sistemas x86 em um único sistema x86 virtual, oferecendo uma indústria padrão, computação de memória compartilhada *high-end*.

Fundada em 2013, a *Stratoscale* desenvolve um sistema operacional hiperconvergente para melhorar o desempenho e a eficiência dos data centers. Descrição do produto: o software distribuído da Stratoscale usa o rack como paradigma de design, em contraste com o paradigma tradicional de servidor único — criando uma pilha de software totalmente nova. Com algoritmos de sistema de aprendizagem que permitem planejamento de capacidade e utilização de recursos cada vez mais inteligentes, o software de sistema operacional da Stratoscale permite que as empresas mantenham uma infraestrutura que maximiza a eficiência e a simplicidade operacional.

Energia

Fundada em 2011, a *eVolution Networks* é líder inovadora em redes móveis e eficiência energética de data center. Descrição do produto: Smart Energy Solution (SES), um conjunto de tecnologias que permite que uma portadora desligue suas torres quando não está em uso.

Fundada em 1996, a *Metrolight* é uma fornecedora de soluções de reatores eletrônicos para sistemas de iluminação de descarga de alta intensidade. Descrição do produto: o coração da solução da Metrolight é o driver universal LED, que também é um reator eletrônico. Um dispositivo inteligente construído em torno de um poderoso microprocessador integrado que executa algoritmos de software sofisticados e lógica de controle adaptável.

Fundada em 2009, a *Pentalum Technologies* desenvolve um sistema de detecção e alcance de luz de vento (LiDAR) para sensoriamento remoto de vento. Descrição do produto: o Pentalum desenvolve o sistema SpiDAR, um sistema de LiDAR (Detecção de Luz e Combinação), para detecção remota de vento. O sistema visa todas as três principais aplicações de parques eólicos: Avaliação de recursos eólicos, Otimização de operações de parques eólicos e Previsão de vento.

Fundada em 2012, a *StoreDot* desenvolve baterias de carregamento instantâneo baseadas em bio-orgânica para carros elétricos e smartphones. Descrição do produto: ao atingir uma taxa de carregamento notavelmente rápida que é até 100 vezes mais rápida do que qualquer outra bateria de dispositivo móvel, o StoreDot permitiu carregar um smartphone em 60 segundos. A nova geração inovadora de baterias de íons de lítio redesenha totalmente a arquitetura e os materiais da bateria. Composto por moléculas orgânicas cuidadosamente projetadas com alta estabilidade química, os compostos FlashBattery™ são ajustados para atender a uma variedade de aplicações. O FlashBattery™ demonstra uma atividade redox rápida e compostos otimizados que aumentam a absorção de íons de lítio e seus contraíons.

A *Capital Nature* é uma empresa líder de investimento focada em financiamento e desenvolvimento de startups no setor de energia renovável. A Capital Nature iniciou suas operações em 2011 e opera o Centro Nacional de Energia Renovável de Israel na região de Arava. Além de incubar novas empresas, a Capital Nature também financia pesquisas acadêmicas no campo das energias renováveis e opera um centro de testes e validação na região de Eilot.

A *EnStorage* é líder global em projeto, fabricação e comercialização de baterias inovadoras de baixo custo baseadas na tecnologia de Bromo de Hidrogênio para atender às necessidades de empresas de serviços públicos, provedores de energia independentes, operadores e empresas, bem como grandes usuários industriais de energia.

A *EnVerid Systems* está empenhada em melhorar a eficiência energética e a qualidade do ar em todo o mundo no setor da construção, tanto novas como renovadas. A empresa desenvolveu um novo design de ventilação baseado na remoção seletiva de contaminantes indesejados do ar ambiente, reduzindo a entrada de ar externo. A aplicação de uma combinação de tecnologias avançadas para uma solução altamente integrada, automatizada, compacta e conveniente integra-se facilmente a edifícios e infraestruturas.

A *Juganu Systems* e sua tecnologia *JLED* integram várias tecnologias inovadoras patenteadas. A tecnologia JLED, baseada na tecnologia LED, inclui tecnologias inovadoras de resfriamento para qualidade de luz e preservação da vida, modos de energia JLED, controladores de controle, testadores de fumaça etc. O objetivo é fornecer a solução de iluminação mais eficiente que fornece mais luz para menos consumo.

A *Ormat* é reconhecida mundialmente pelo desenvolvimento de soluções de energia de última geração e ambientalmente corretas. Projeta, fabrica e fornece equipamentos de geração de energia para usinas de energia geotérmica e de recuperação de energia em trinta países. Como líder na indústria geotérmica, ele ganhou experiência global em exploração, desenvolvimento, projeto, fabricação, construção, propriedade e operação de usinas geotérmicas (Quênia, Guadalupe, Guatemala, Honduras e Estados Unidos).

A *Phinergy* é líder no desenvolvimento de sistemas revolucionários, eficientes em termos energéticos e com emissão zero, baseados em tecnologias de energia ar-metal. O principal ativo da empresa está no domínio das tecnologias de bateria de alumínio-ar e zinco-ar. Ao contrário das baterias convencionais que transportam oxigênio, elas absorvem oxigênio livremente do ar circundante para liberar a energia contida nos metais.

A *SolarEdge* criou um módulo que otimiza cada elo de uma cadeia solar fotovoltaica (PV), maximizando a produção de energia, enquanto monitora constantemente os defeitos e previne possíveis roubos.

A *VisIC Technologies* permitirá que os projetistas de sistemas de conversão de energia melhorem sua eficiência e, simultaneamente, reduzam seu custo, tamanho e suportem frequências de comutação mais altas. A VisIC traz um ambiente de design com interfaces familiares e confortáveis. Os sistemas resultantes reduzirão o custo da transmissão de eletricidade para os fornecedores e o custo da eletricidade para os consumidores.

A VisIC Technologies foi selecionada como finalista do prêmio Red Herring Top 100 Europe.

A *Tevva Motors* desenvolve e produz grupos motopropulsores de alcance prolongado não poluentes para caminhões de 7,5 toneladas. Esses grupos inovadores consistem em um motor a diesel de pequena capacidade, fornecendo energia a um gerador que, por sua vez, aciona um motor elétrico para alimentar as rodas. A tecnologia pode ser adaptada a um chassi na linha de produção durante o processo de construção ou a um chassi existente como um kit de retrofit.

A *Filtersafe*® é uma empresa multinacional especializada no desenvolvimento e fornecimento de filtros de tela automáticos inteligentes para os mercados de água de lastro, petróleo e gás e industrial. Com soluções de filtração fina de alto desempenho para osmose reversa, desinfecção e filtragem ultrafina, a Filtersafe® traz economia, valor e responsabilidade ambiental incomparáveis em todos esses tratamentos.

Startups

Fundada em 2009, a *Addepar* é uma empresa de tecnologia de gestão de investimentos que desenvolve tecnologia de gestão de patrimônio para consultores financeiros. Descrição do produto: a Addepar agrega todas as suas informações financeiras em um só lugar através de feeds automatizados e seu aplicativo fácil de usar.

Fundada em 2011, a *AppCard* fornece aplicativos móveis e baseados na web que conectam usuários a lojas favoritas para obter ofertas personalizadas com recibos digitais. Descrição do produto: os aplicativos AppCard baseados em smartphone e na Web aumentam a aderência, tornando as ofertas mais visíveis para clientes. Quanto mais usuários comprarem em certas lojas, melhores serão as ofertas.

Fundada em 2011, a *Behalf* é uma empresa de serviços financeiros que fornece capital de giro e linhas de crédito de curto prazo para pequenas e médias empresas. Descrição do produto: algoritmos superiores para avaliar crédito de pequenas e médias empresas. Plataforma online para permitir que as empresas recebam essas linhas de crédito em menos de 6 segundos.

Fundada em 2011, a *BioCatch* projeta e desenvolve soluções comportamentais de detecção biométrica, de autenticação e de *malware* para bancos e outros negócios de transações. Descrição do produto: perfil Comportamental, Biometria Invisível, Segurança Cibernética, Autenticação Contínua, Perfil Cognitivo Proativo, Assinatura Cognitiva.

Fundada em 2013, a *Bluevine* é uma provedora de soluções de financiamento de capital de giro on-line para pequenas e médias empresas. Descrição do produto: a BlueVine preenche a lacuna de caixa que acontece devido à desaceleração dos clientes pagantes, permitindo que as empresas vendam suas faturas não pagas. Com a BlueVine, não há necessidade de esperar 30 ou mesmo 60 dias de liquidez nunca mais. A empresa oferece uma solução rápida, simples e 100% on-line. Abrir uma conta é fácil e leva menos de minutos. Os fundos estão normalmente disponíveis no prazo de 1 dia útil.

EMPRESAS ISRAELENSES NO CORAÇÃO DA INOVAÇÃO | 285

Fundada em 2011, a *Capriza* é uma plataforma de mobilidade *end-to-end* que permite às empresas mover seus aplicativos para qualquer dispositivo inteligente. Descrição do produto: a Capriza permite que os clientes criem um aplicativo leve para qualquer solução de tecnologia comercial que eles usem. Enquanto navegam em uma página da Web, a Capriza traduz o comportamento da área de trabalho em um aplicativo para dispositivos móveis que chama de "Zapp". Não há necessidade de codificação e as pessoas podem publicar seu aplicativo no iOS, no Android ou no Blackberry. A solução é aplicável a aplicativos empacotados, como SAP, Oracle, Salesforce e soluções personalizadas.

Fundada em 2007, a *eToro* opera um mercado de investimento e negociação social on-line que permite aos usuários negociar moedas, *commodities* e índices por meio de ações de CFDs. Descrição do produto: a eToro opera um mercado de investimento e negociação social on-line que permite aos usuários negociar moedas, *commodities* e índices através de ações de CFD.

Fundada em 2011, a *ezbob* oferece empréstimos de ponta a ponta como serviço para empresas de pequeno e médio porte. Descrição do produto: uma vez cadastrados, os algoritmos proprietários da ezbob são capazes de analisar a credibilidade de um candidato a negócios em tempo real e uma oferta de financiamento é apresentada ao solicitante. O aplicativo não requer documentos e pode ser concluído em minutos.

Fundada em 2012, a *Fundbox* é uma solução para pequenas empresas que oferece aos proprietários de empresas a correção

286 | O VALE DE ISRAEL

do fluxo de caixa através do pagamento antecipado de suas faturas pendentes. Descrição do produto: mecanismo de risco SMB orientado por dados, um algoritmo que varre um número de pontos de dados para emprestar sinais de risco em tempo real. Um cliente de pequena empresa da Fundbox conecta seu software de contabilidade ou CRM (por exemplo, Freshbooks, Quickbooks, Salesforce ou similar). Usando essas informações, a Fundbox cria um perfil do risco da empresa, observando seus clientes, faturas e funcionários.

Fundada em 2011, a *Gusto* é uma provedora de soluções de processamento de pagamentos, benefícios e remuneração de funcionários para empresas, com base na nuvem. Descrição do produto: automatizando as tarefas de negócios mais complicadas e impessoais e tornando-as simples e prazerosas.

Fundada em 2012, a *VATBox* é uma empresa de soluções baseada em nuvem que fornece um processo de recuperação de IVA por meio da automação baseada em conhecimento. Descrição do produto: ao contrário dos processos manuais, com o processamento da VATBox, as reclamações de IVA são totalmente automáticas. Em vez de buscar provas, o VATBox é conectado diretamente aos dados dos usuários para que nada seja perdido.

Imagem

Fundada em 2005, a *Extreme Reality* desenvolve sistemas e soluções de jogos controlados por movimento. Descrição do produto: Extreme Motion é um mecanismo de captura de movimento que extrai a posição 3D do usuário na frente da câmera em cada quadro e cria um modelo 3D real do usuário em tempo real.

EMPRESAS ISRAELENSES NO CORAÇÃO DA INOVAÇÃO | 287

Fundada em 2005, a *eyeSight Technologies* desenvolve software de reconhecimento de gestos e visão de máquina. Descrição do produto: a tecnologia Touch Free da eyeSight utiliza avançados algoritmos de processamento de imagem e visão de máquina em tempo real para rastrear os gestos das mãos do usuário e convertê-los em comandos. Esses comandos são usados para controlar funções e aplicativos dentro do dispositivo, criando uma interação natural com o usuário.

Fundada em 2012, a *Inuitive* é uma empresa de semicondutores fabless. Descrição do produto: a Inuitive faz chips. A principal tecnologia da empresa é um chip otimizado para visão computacional em dispositivos móveis. O principal produto desta tecnologia é chamado NU3000. O NU3000 é um processador de sinal dedicado, projetado para processamento de imagens 3D e visão computacional.

Fundada em 2000, a *Lumus* projeta e desenvolve displays transparentes de realidade aumentada para eletrônicos de consumo. Descrição do produto: o patenteado elemento óptico de guia de luz (LOE) é um exclusivo design de lente ultrafina que incorpora elementos óticos transparentes em miniatura na frente do olho. Um microprojetor (micro display Pod) anexado na borda da LOE recebe o conteúdo da imagem do dispositivo móvel e o projeta na LOE, usando óticas de acoplamento proprietárias. À medida que a imagem viaja para o centro da lente, ela é refletida em direção ao olho por meio dos elementos transparentes.

Fundada em 2010, a *Trax* fornece soluções de reconhecimento de imagem, ciência de dados e medição na loja para o setor de varejo. Descrição do produto: a Trax criou uma tecnologia inovadora que é pioneira no reconhecimento e análise de imagens no varejo. Seus avançados algoritmos de visão computacional foram especialmente projetados tendo em mente o mercado de bens de consumo.

Inteligência artificial

Fundada em 2007, a *Cortica* é uma empresa de tecnologia que desenvolve IA capaz de aprender e reagir por conta própria. A empresa é apoiada por mais de duzentas patentes. Descrição do produto: a Cortica criou o futuro da inteligência artificial. Ao alavancar o aprendizado não supervisionado, o mesmo processo que o cérebro humano usa para incorporar dados, a Cortica oferece às máquinas a mesma compreensão ilimitada de informações visuais de que os humanos desfrutam. Com base em pesquisas proprietárias do cérebro, a plataforma de IA é modelada na atividade dos neurônios e nos mecanismos de aprendizagem que ocorrem no cérebro dos mamíferos. Esta tecnologia foi desenvolvida por mais de dez anos e é apoiada por mais de duzentas patentes.

Iot

Fundada em 2011, a *Pixie* está criando a Internet of Your Everything™, construindo uma plataforma que deriva de uma localização precisa, mesmo em ambientes fechados. Descrição do produto: o sistema conta com pequenas etiquetas inteligentes chamadas Pixie Points, que você pode colocar em coisas que tendem a desaparecer magicamente — suas chaves, carteira, controle remoto da TV, brinquedo favorito de uma criança ou qualquer outra coisa. Esses Pontos Pixie contêm "tecnologia de sinalização" que permite que as tags se comuniquem entre si e criem um "mapa digital pessoal" de todos os seus itens marcados, que são então sincronizados com o aplicativo móvel Pixie.

Manufatura

Fundada em 2013, a *Sirin Labs* projeta e desenvolve smartphones baseados em *blockchain*. Descrição do produto: os dispositivos FINNEY™ são protegidos por cyber multicamadas, desde o hardware e SO de baixo nível até a camada de aplicação. Reconhecendo a natureza dinâmica das ameaças cibernéticas, a proteção de segurança cibernética da SIRIN LABS é desenvolvida em um Sistema de Prevenção de Intrusões (IPS) baseado em comportamento e aprendizagem de máquina, para proteção cibernética proativa. O BlockShield™ é uma tecnologia proprietária da SIRIN LABS que protege a carteira de criptografia do "armazenamento frio" do hardware e garante a integridade da transação. O BlockShield™ consiste em vários recursos de proteção incorporados: Exibição Confiável, Ocultação de Endereço IP, Randomização de Endereço MAC e um comutador de segurança físico.

Fundada em 2006, a *Valens* é uma fornecedora de produtos semicondutores para a distribuição de conteúdo multimídia HD descompactado. Descrição do produto: a tecnologia Valens HDBaseT (TM) permite a conectividade digital *plug-and-play* entre fontes de vídeo HD e telas remotas. O conjunto de recursos 5Play, convergido através de um único cabo CAT5e/6 de 100m/328ft permite a entrega de: vídeo; vídeo 3D de alta definição sem compressão em resolução de até 4K; áudio; qualquer formato de áudio digital padrão; ethernet; 100BaseT

290 | O VALE DE ISRAEL

Ethernet; controle; vários sinais de controle, incluindo CEC, RS-232, USB e IR; alimentação; até 100W usando o Power-over--Cable.

Redes sociais/aplicativos

Fundada em 2012, a *Glide Talk* é um aplicativo de mensagens de vídeo ao vivo que permite aos usuários enviar e receber mensagens de vídeo curtas. Descrição do produto: o Glide permite aos usuários gravar uma mensagem de vídeo e enviá-la para um ou mais destinatários da mesma forma que os aplicativos de mensagens de texto funcionam. O serviço da Glide é baseado em uma infraestrutura em nuvem que permite aos usuários ver vídeos sem obstruir a capacidade de seus dispositivos.

Fundada em 2009, a *Houzz* é uma plataforma on-line que permite aos usuários compartilhar, interagir e obter conhecimento sobre a remodelação e design de residências. Descrição do produto: plataforma on-line para remodelação e design de casas — rede social.

Fundado em 2010, o *Interlude Player* é um produto baseado na web que apresenta aos usuários opções em intervalos predeterminados que afetam a participação do vídeo.

Fundada em 2010, a *IronSource* oferece soluções de monetização e distribuição para desenvolvedores de aplicativos, desenvolvedores de software, operadoras de celular e fabricantes de dispositivos. Descrição do produto: o Developer Solutions da ironSource fornece um ecossistema completo de produtos para desenvolvedores, com as principais

EMPRESAS ISRAELENSES NO CORAÇÃO DA INOVAÇÃO | 291

ferramentas para crescimento, monetização e monitoramento de aplicativos. As soluções de anunciantes da ironSource são um mecanismo focado no crescimento com acesso a fornecimento massivo e exclusivo, permitindo a qualquer parceiro identificar e envolver--se com os clientes-alvo, não importa onde eles estejam.

Fundada em 2013, a *Lightricks* é uma empresa de tecnologia que desenvolve a criação de conteúdo digital e engenharia de software, processamento de imagens e aplicativos móveis. Descrição do produto: LTEngine™, um mecanismo de processamento de imagem móvel de última geração, e o SafeBrush™, uma ferramenta de precisão para resultados precisos.

Fundada em 2006, a *LiveU* fornece soluções de aquisição, contribuição e gerenciamento de vídeo ao vivo. Descrição do produto: A LiveU oferece uma gama completa de dispositivos de uplink para cobertura de vídeo ao vivo, incluindo mochilas, unidades montadas na câmera e aplicativos móveis. As soluções da LiveU incluem vários links 4G LTE/3G, HSPA +, WiMAX e Wi-Fi, que são otimizados para a máxima qualidade de vídeo com base nas condições de rede disponíveis. A principal unidade de transmissão portátil da LiveU, a LU600, oferece excepcional qualidade de vídeo, confiabilidade, velocidade, desempenho de vídeo, baixa latência e muito mais.

Fundada em 2003, a *MyHeritage* é uma plataforma on-line que permite ao usuário criar websites familiares, compartilhar fotos, eventos e vídeos. Descrição do produto: Search Connect™: permite que os usuários encontrem facilmente outras pessoas que estejam procurando pelos mesmos antepassados ou parentes e entrem em contato com eles. Record Detective™: estende automaticamente a trilha do papel de um único registro histórico para outros registros relacionados e árvore genealógica, com conexões na Global Name Translation™: traduz nomes encontrados em registros históricos e árvores genealógicas de um idioma para outro, para facilitar correspondências entre nomes em diferentes idiomas.

Fundada em 2015, a *Nexar* é uma plataforma de rede interveículos baseada em IA que prevê e previne acidentes e colisões de pedestres. Descrição do produto: a Nexar é um aplicativo de *dashcam* AI que emprega algoritmos de visão de máquina e fusão de sensores, aproveitando os sensores do seu telefone para analisar e compreender o entorno do carro e fornecer documentação de proteção em caso de acidentes.

Fundada em 2012, a *Spot.IM* é uma plataforma de engajamento social que cria comunidades on-line em torno de conteúdo digital. Spot.IM trabalha com editores para trazer conversas de volta de redes sociais para sites de editores. Descrição do produto: a Spot.IM reúne descoberta, conversação e compartilhamento digital e torna a plataforma de escolha para conexões avançadas. Em vez de transmitir tudo para todos, a Spot.IM permite que os usuários compartilhem o que é mais importante com aqueles que são mais importantes.

A *Intuition Robotics* desenvolve tecnologia de suporte social que impacta positivamente a vida de milhões de pessoas mais velhas ao conectá-las à família e aos amigos de forma transparente, disponibilizando tecnologia acessível e intuitiva, melhorando

EMPRESAS ISRAELENSES NO CORAÇÃO DA INOVAÇÃO | 293

seu estilo de vida ativo. Ele usa o modo "Stealth" de inteligência artificial e robótica social com um impacto social significativo.

Printing/3D technology

Fundada em 2001, a *ColorChip* projeta e fabrica subsistemas e componentes ópticos para soluções de rede e comunicações. Descrição do produto: O processo Nanography™, também chamado de processo Nanographic Printing™ da Landa, combina a versatilidade e a economia de curto prazo da impressão digital com o baixo custo por página e a alta produtividade da impressão em offset. Sem requisitos de pré-tratamento ou pós-secagem, a saída impressa pode ser imediatamente processada logo após a impressão.

Fundada em 2002, a *Landa Digital Printing* desenvolve sistemas de impressão digital nanográfica para os mercados comercial, de embalagem e editorial. Descrição do produto: A impressora Nanographic Printing® Landa S10 oferece a produção de embalagens *mainstream* verdadeira usando substratos de grande formato e *off-the-shelf* — sem qualquer pré-tratamento ou priming. Com um *throughput* que atinge até cinco vezes o das impressoras digitais, ele libera equipamentos offset para fazer o que faz melhor — produção de longo prazo.

Fundada em 2011, a *Vayyar* desenvolve sensores de imagens em 3D que permitem que os aplicativos detectem vazamento de água, rastreamento de pessoas e sinais vitais. Descrição do produto: a Vayyar começou com a visão de desenvolver uma nova modalidade para a detecção do câncer de mama usando o RF para examinar de maneira rápida e econômica o tecido humano para detectar tumores malignos. À medida que a tecnologia

294 | O VALE DE ISRAEL

amadureceu e evoluiu, a Vayyar alavancou-a para abrir novas capacidades e ampliar seu escopo de aplicações para mercados adicionais, incluindo casa inteligente, segurança, automotivo, varejo, atendimento a idosos, construção, agricultura e muito mais.

Fundada em 2007, a *XJet* desenvolve uma tecnologia de nanopartículas metálicas sólidas para impressão 3D de peças metálicas. Descrição do produto: a tecnologia da XJet está redefinindo a área de fabricação de aditivos de metal, trazendo novos níveis de detalhe para a produção de peças de metal. A tecnologia patenteada NanoParticle Jetting™ da XJet faz uso de nanopartículas metálicas sólidas dentro de uma suspensão líquida. Entregues como cartuchos lacrados, estes materiais, bem como os materiais de suporte, são carregados facilmente à mão no sistema XJet, eliminando a necessidade de manusear pós metálicos.

A *Pzartech* fornece soluções para o mercado de pós-venda através do princípio da impressão 3D. Permite que todos se conectem à impressora 3D mais próxima. A Pzartech quer ser um serviço completo que combina uma plataforma de troca e design 3D com uma plataforma de impressão 3D.

Segurança

Fundada em 2001, a *Magna BSP* é uma empresa que oferece segurança residencial e empresarial com uma inovadora vigilância por vídeo 3D. Descrição do produto: a Magna desenvolve a próxima geração de sistemas de detecção de intrusão por perímetro. Os sistemas Magna incorporam tecnologias exclusivas e patenteadas, o conceito de Proteção BiScopic (BSP) e Detecção de Movimento de Três Dimensões (TDMD).

Rafael Advanced Defense Systems Ltd. Conhecida como Rafael, é a autoridade israelense para o desenvolvimento de armas e tecnologias militares. A Rafael projeta, desenvolve, fabrica e distribui uma ampla gama de sistemas de defesa de alta tecnologia para aplicações aéreas, terrestres, navais e espaciais. Sua inovação mais espetacular é o sistema de mísseis "Iron Dome", que provou sua eficácia durante os últimos conflitos armados. Rafael é o maior empregador no norte de Israel, com 7.500 funcionários.

A *Telefire* é pioneira na detecção de incêndios e fumaça e oferece proteção completa 24 horas para a construção de locais de todos os tamanhos. Desde 1979, a Telefire dedica-se à detecção precoce e controle efetivo de todos os tipos de incêndios e desligamentos automáticos em qualquer local.

A *Wisesec* Instala sensores pré-configurados em residências, escritórios ou instituições para reconhecer determinados aplicativos de dispositivos móveis. Assim que os sensores reconhecerem um dispositivo conectado e se autenticarem com o servidor para verificar se ele é o dispositivo correto no lugar certo. Em seguida, confirmados, os sensores ativam automaticamente as ordens dadas, seja para aprovar o acesso a uma porta ou para autenticar em um caixa eletrônico. O aplicativo também fornece dados de uso aos clientes.

Telecomunicações

Fundada em 2007, a empresa de semicondutores *MultiPhy* fabless fornece ICs baseados em DSP para redes ópticas de alta velocidade, com base na detecção direta e tecnologias coerentes.

Descrição do produto: a propriedade intelectual da MultiPhy inclui novos projetos de ADC baseados em CMOS, algoritmos avançados de DSP, implementação de ultra-alta velocidade de algoritmos de Estimação de Sequência de Máxima Verossimilhança (MLSE) e arquiteturas de "uma amostra por símbolo". A tecnologia da empresa permite soluções de transmissão de alto desempenho e baixo consumo de energia e alto desempenho a 100Gb/s nos mercados de conectividade de metrô e data center.

Fundada em 2014, a *Sedona Systems* desenvolve e fornece plataforma de controle de vários fornecedores para as camadas óptica e IP para redes de provedores de serviços. Descrição do produto: com base em ferramentas de software de código aberto centralizadas, o NetFusion se conecta ao equipamento de todos os principais fornecedores por meio de controladores SDN ou sistemas de gerenciamento. Em seguida, otimiza as principais tarefas por meio do gerenciamento dinâmico e automático dos recursos ópticos e de IP.

A *SatixFy* é um fabricante/projetista líder de mercado de tecnologias de comunicação via satélite e quasi-satélite que reduz drasticamente o custo, tamanho, peso, potência e desempenho do equipamento: terminais, equipamentos Gateway, custo de tempo de antena (OPEX) e capacidade de satélite. Os mercados da empresa são baseados no segmento de pessoas não conectadas à internet, áreas rurais, objetos conectados e comunicações por drone.

Transporte e mobilidade

Fundado em 2010, o *Gett* é um aplicativo baseado em dispositivos móveis que permite que os usuários pesquisem, encontrem e reservem cabines. Descrição do produto: reserva sob demanda, algoritmos preditivos, inteligência artificial.

Fundado em 2011, o *Moovit* é uma empresa de análise e dados de trânsito que desenvolve e fornece um aplicativo baseado em dispositivos móveis para que os usuários gerenciem sua mobilidade urbana. Descrição do produto: o poder do Moovit é fruto da cooperação com a comunidade. O Moovit começa com informações completas de trânsito com base no cronograma. Em seguida, adiciona dados em tempo real sobre os tempos e condições atuais de trânsito. Apenas usando o Moovit, os pilotos estão ajudando todo mundo a planejar melhor o seu trânsito (e vidas). No caminho, os passageiros até enviam relatórios ativos sobre o trajeto ou a estação para que os outros saibam o que esperar.

A *Mobileye* é uma empresa israelense de propriedade da Intel, que desenvolveu um sistema de orientação para motoristas, graças a uma minúscula câmera digital com algoritmos sofisticados. O sistema de direção está ligado a um dispositivo que emite um alerta quando o motorista está prestes a mudar inadvertidamente pistas, avisa sobre colisões iminentes e detecta pedestres. A Mobileye está agora trabalhando com a General Motors, BMW e Volvo. A empresa está listada na NYSE.

O aplicativo *Pango* oferece a solução de condutor de veículo que é usada por mais de 1,7 milhão de usuários há mais de dez anos. É uma das aplicações mais populares em Israel, tanto em termos de downloads quanto de frequência de uso. A Pango é uma subsidiária da Milgam Cellular Parking Ltd., que é de propriedade da Milgam Ltd. e da Unicel Technologies Ltd.

298 | O VALE DE ISRAEL

Fundada em 2012, a *Via Transportation* é uma aplicação de trânsito sob demanda que permite que os passageiros descubram e reservem passeios compartilhados. Descrição do produto: o algoritmo de propriedade da empresa combina dinamicamente passageiros com assentos em escala, resolvendo desafios computacionais e operacionais exclusivos e resultando em um modo de transporte mais acessível e conveniente. A Via foi aprovada para benefícios de trânsito antes dos impostos, permitindo que os membros paguem pelo serviço usando dólares antes dos impostos.

Waze é um Aplicativo de navegação GPS cuja informação é fornecida pelos usuários, rodando em tablets e smartphones. Esse processo permite o monitoramento preciso em tempo real de engarrafamentos, obras rodoviárias e outros acidentes inesperados. Fundada por Ehud Shabtai, Amir Shinar e Uri Levine, graças a duas empresas israelenses de capital de risco, Magma e Vertex, a empresa foi adquirida em 2013 pelo Google e integrada ao Google Maps.

Outras tecnologias

Fundada em 2005, a *Celeno* é uma empresa de semicondutores que projeta, desenvolve e fabrica componentes e subsistemas para sistemas de redes WiFi. Descrição do produto: no coração da tecnologia Celeno está o mecanismo de desempenho OptimusAIR™ Channel Aware QoS, rodando sobre o silício com reconhecimento de canal das séries CL1800 e CL2000. O motor aproveita o conhecimento contínuo e atualizado do canal para otimizar os parâmetros de transmissão. A otimização é feita de maneira cruzada, de modo que cada decisão de transmissão, por usuário e por pacote, é derivada diretamente de uma nova estimativa de canal.

A *Foldimate* trabalha em um sistema de robô de limpeza de roupas ao qual estaria associada a função "passar". Também pode perfumar e amaciar. Esse sistema foi miniaturizado e seu tamanho é um terço menor do que o de seus concorrentes. O vídeo do conceito FoldiMate Family™ foi visto mais de 120 milhões de vezes.

A *Humavox* desenvolve e comercializa uma plataforma de tecnologia sem fio de última geração que muda radicalmente a experiência de recarregar dispositivos elétricos em uma operação transparente e intuitiva para os usuários.

A *Roboteam* é um dos principais fornecedores mundiais de sistemas terrestres robóticos táticos (drones terrestres). Com sede nos Estados Unidos, a equipe, formada por veteranos altamente experientes, projeta, desenvolve, produz e fornece robôs terrestres táticos de alto desempenho para apoiar as tropas e garantir sua segurança. A Roboteam atende a todos os requisitos legais e regulamentares internacionais e tem certificação ISO-9001 desde 2009.

A *ScanMaster* é líder mundial no desenvolvimento, projeto e fabricação de sistemas automatizados de inspeção ultrassônica. Seus sistemas tecnologicamente inovadores foram instalados com clientes líderes em todo o mundo. Cada sistema de inspeção ultrassônica ScanMaster possui diversos módulos básicos integrados a configurações específicas de aplicativos que fornecem a solução certa para atender a requisitos específicos e padrões relevantes.

Bibliografia

ADAMSKY, Dima. *The Culture of Military Innovation: The Impact of Cultural Factors on the Revolution in Military Affairs in Russia, the US and Israel*. Stanford University Press, 2010.

AHMAD, Rami; GARCIA, Rodrigo; Mazili, Zouhir R.; QERMANE, H. B.; AL-TAMIMI, Sarah. *Morocco's Aeronautics Cluster*. 2013.

AVNIMELECH, Gil; SCHWARZ, Dafna e BAR-EL, Raphael. "Entrepreneurial High-tech Cluster Development: Israel's Experience with Venture Capital and Technological Incubators". *European Planning Studies*, p. 1181-1198, 2007.

AVNIMELECH, Gil; TEUBAL, Morris. "Strength of Market Forces and the Successful Emergence of Israel's Venture Capital Industry — Insights from a Policy-led Case of Structural Change". *Revue économique*, vol. 55, n° 6, 2004.

_____."Venture Capital Startup Co-evolution and the Emergence & Development of Israel's New High Tech Cluster". *Economics of Innovation and New Technology*, vol. 13, n° 1, 2004.

AZEVÊDO, Andrea Carla de. *Autonomia x Dependência: Políticas de Água no Semiárido e Desenvolvimento Regional*. Tese de Doutorado. Universidade de Coimbra, 2017.

AZULAY, Israel; LERNER, Miri e TISHER, Asher. "Converting Military Technology through Corporate Entrepreneurship". *Research Policy*, vol. 31, n° 3, p. 419-435, 2002.

BAAL-SCHEM, Jacob. "The Birth of a High-Tech Society: First Steps in Electronics and Computing in Israel". *The International Conference on Computer as a Tool*, p. 2638-2640, setembro de 2007.

BEENSTOCK, Michael; FISHER, Jeffrey Fisher. "The Macroeconomic Effects of Immigration: Israel in the 1990s". *Weltwirtschaftliches Archiv*, Bd. 133, H. 2, p. 330-358, 1997.

BELINI, Claudio. "A 25 años del fallecimiento de Jorge Alberto Sabato". *H-industri: Revista de historia de la industria, los servicios y las empresas en América Latina*, n° 3, p. 1, 2013.

BRESCHI, Stefano; MALERBA, Franco. "The geography of innovation and economic clustering: some introductory notes." *Industrial and corporate change*, vol. 10, n° 4, p. 817--833, 2001.

BRESNAHAN, Timothy; GAMBARDELLA, Alfonso. *Building High-Tech Clusters — Silicon Valley and Beyond*. Cambridge: Cambridge University Press: abril de 2004.

BREZNITZ, Dan. *Innovation and the State: Political Choice and Strategies for Growth in Israel, Taiwan and Ireland*. Yale University Press, 2007.

Central Bureau of Statistics, Israel, 2016. Disponível em www.clos.gov.il.

CHRISTENSEN, Clayton. *The Innovator's Dilemma: The Revolutionary Book That Will Change the Way You Do Business*. Nova York: Harper Business, 1997.

COOKE, Philip. *Knowledge economies: Clusters, learning and cooperative advantage*. Routledge, 2002.

_____ e HUGGINS, Robert. "A tale of two clusters: high technology industries in Cambridge". *International journal of networking and virtual organisations*, vol. 2, n° 2, p. 112-132, 2004.

CURZIO, Alberto Quadrio; FORTIS, Marco (Ed.). *Complexity and industrial clusters: dynamics and models in theory and practice.* Springer Science & Business Media, 2012.

DE FONTENAY, Catherine; CARMEL, Erran. "Israel's Silicon Valley: The Forces behind Cluster Formation", junho de 2002.

_____. "Israel's Silicon Wadi. The Forces behind Cluster Formation". *Building high-tech clusters: Silicon Valley and beyond*, p. 40, 2004.

ENGEL, Jerome S.; DEL-PALACIO, Itxaso. "Global Clusters of Innovation: The Case of Israel and Silicon Valley". *California Review Management*, vol. 53, n° 2, p. 27-49, inverno de 2011.

Études économiques de l'OCDE, "Politiques concernant l'environnement des entreprises", n° 21, 2009/21.

HAOUR, Georges. "Israel, a Powerhouse for Networked Entrepreneurship". *International Journal of Entrepreneurship and Innovation Management*, vol. 5, n° 1-2, p. 39-48, 2005.

HARPAZ, Itzhak; MESHOULAM, Ilan Meshoulam. "Israel: Exploring Management in the Middle East". *International Studies of Management & Organisation*, vol. 24, n° 1-2, p. 231--248, 1994.

HEEBELS, Barbara; VAN AALST, Irina. "Creative clusters in Berlin: Entrepreneurship and the quality of place in Prenzlauer Berg and Kreuzberg". *Geografiska Annaler: Series B, Human Geography*, vol 92, n° 4, p. 347-363, 2010.

HONIG, Benson; LERNER, Miri e RABAN, Yoel. "Social Capital and the Linkages of High-Tech Companies to the Military Defense System: Is There a Signaling Mechanism?". *Small Business Economics*, vol. 26, n° 4, p. 419-437, dezembro de 2006.

IATI 2017, "IATI Annual Review: Israel ICT Industry 2017", Israel Advanced Technology Industries.

KEEBLE, David; NACHUM, Lilach. "Why do business service firms cluster? Small consultancies, clustering and decentralization in London and southern England". *Transactions of the Institute of British Geographers*, vol. 27, n° 1, p. 67-90, 2002.

KRUGMAN, Paul. *Geography and trade*. Cambridge: MIT Press, 1991.

_____."The role of geography in development". Annual World Bank Conference on Development Economics. Washington--DC, 1998b.

_____."What's new about the New Economic Geography?" *Oxford Review of Economic Policy*, vol. 14, n°2, 1998a.

LOPEZ-CARLOS, Augusto; MIA, Irene. "Israel: Factors in the Emergence of an ICT Powerhouse, World Economic Forum". *The Global Information Technology Report: Leveraging ICT for Development*. Palgrave Macmillan: Londres, 2006.

MAYER, Colin; SCHOORS, Koen e YAFEH, Yishay. "Sources of Funds and Investment Activities of Venture Capital Funds: Evidence from Germany, Israel, Japan and the United Kingdom". *Journal of Corporate Finance*, vol. 11, n° 3, p. 556--608, junho de 2005.

MESERI, Ofer; MAITAL, Shlomo. "A Survey Analysis of University-Technology Transfer in Israel: Evaluation of Projects and Determinants of Success". *Journal of Technology Transfer*, vol. 26, n° 1-2, p. 115-125, 2001.

MEYER-STAMER, Jörg; HARMES-LIEDTKE, Ulrich. *How to Promote Clusters. Competitividad: Conceptos Y Buenas Practicas. Uma Herramienta de Autoaprendizage Y Consulta. Inter-American Development Bank*. Duisbrug and Buenos Aires, 2005.

MODENA, Vittorio; SCHEFER, Daniel. "Technological Incubators as Creators of New High Technology Firms in Israel". Artigo apresentado no 38° Congresso Europeu da Associação Regional de Ciência, Viena.

NACHUM, Lilach; KEEBLE, David. "Neo-Marshallian clusters and global networks: the linkages of media firms in central London." *Long Range Planning*, vol. 36, n° 5, p. 459-480, 2003.

PAGANI, Regina Negri; DE RESENDE, Luis Mauricio. "Tipologias de aglomerações produtivas de empresas: um estudo de caso". *Revista Gestão Industrial*, vol. 3, n° 1, 2007.

PORTER, M.E. *The competitive advantage of nations*. New York: The Free Press, 1990.

_____.Clusters and competitiveness: findings from the cluster mapping project. In: *Corporate strategies for the digital economy*. Sloan Industry Centers. Cambridge, April 12, 2001.

ROUACH, Daniel; LOUZOUN, Steve e DENEUX, François. *Incubators of the World: Best Practices from Top Leaders*. Coleção "Village Mondial". Pearso, 2010.

SCHMITZ, Hubert. "Collective efficiency and increasing returns". IDS Working paper n° 50. Institute of Development Studies. Universidade de Sussex, Brighton. Março de 1998.

_____. "Eficiência coletiva: caminho de crescimento para a indústria de pequeno porte". *Ensaios FEE*. Porto Alegre, vol. 18, n°2, p.164-200, 1997.

SILVA, Vander Luiz; KOVALESKI, João Luiz; PAGANI, Regina Negri. "Technology transfer and human capital in the industrial 4.0 Scenario: a theoretical study". *Future Studies Research Journal: Trends and Strategies*, vol. 1, n° 1, 2019.

_____. "Technology transfer in the supply chain oriented to industry 4.0: a literature review". *Technology Analysis & Strategic Management*, p. 1-17, 2018.

SHEFER, Daniel; FRENKEL, Amnon. "An Evaluation of the Israeli Technology Incubator Programs: Privatizing the Technological Incubators in Israel", Israel Institute of Technology, The Samuel Neaman Institute for Advanced Studies in Science and Technology, março de 2005.

TER WAL, Anne L. J. "Cluster emergence and network evolution a longitudinal analysis of the inventor network in Sophia--Antipolis". *Regional Studies*, vol. 47, n° 5, p. 651-668, 2013.

TRAIJTENBERG, Manuel. "Government Support for Commercial R&D: Lessons from the Israeli Experience". *Innovation Policy and the Economy*, vol. 2, p. 79-134, 2002.

TZKOWITZ, Henry; LEYDESDORFF, Loet. "The dynamics of innovation: from national systems and 'mode 2' to a triple helix of university—industry—government relations". *Research policy*, Elsevier, vol. 29, n° 2, p. 109—123, 2000.

VAINUNSKA, Karen; ROSENBERG, Yael Rosenberg. "Israel the New Silicon Valley", 2007.

WEBER, Max. *Political Writings, Cambridge texts in the history of political thought*. Editado por Peter Lassman e Ronald Speirs. Cambridge: Cambridge University Press, 1994.

WICKHAM, James; VECCHI, Alessandra. "Local Firms and Global Reach: Business Air Travel and the Irish Software Cluster". *European Planning Studies*, vol. 16, n° 5, p. 693-710, 2008.

YEHESKEL, Orly; SHENKAR, Oded; FIEGENBAUM, Avi; COHEN, Ezra e GEFFEN. "Cooperative Wealth Creation: Strategic Alliances in Israeli Medical-Technology Venture". *The Academy of Management*, vol. 15, n° 1, p. 16-25, fevereiro de 2001.

best.
business

Este livro foi composto na tipografia Palatino LT Std,
em corpo 11/16, e impresso em papel off-white no
Sistema Cameron da Divisão Gráfica da Distribuidora Record.